零失敗 新手烘焙

 +

隨時都能照著手作的幸福甜點

用雙手創造屬於自己的幸福時光！
一口就愛上的迷人滋味，100%完整呈現，
跟著做，你也能輕鬆學會！

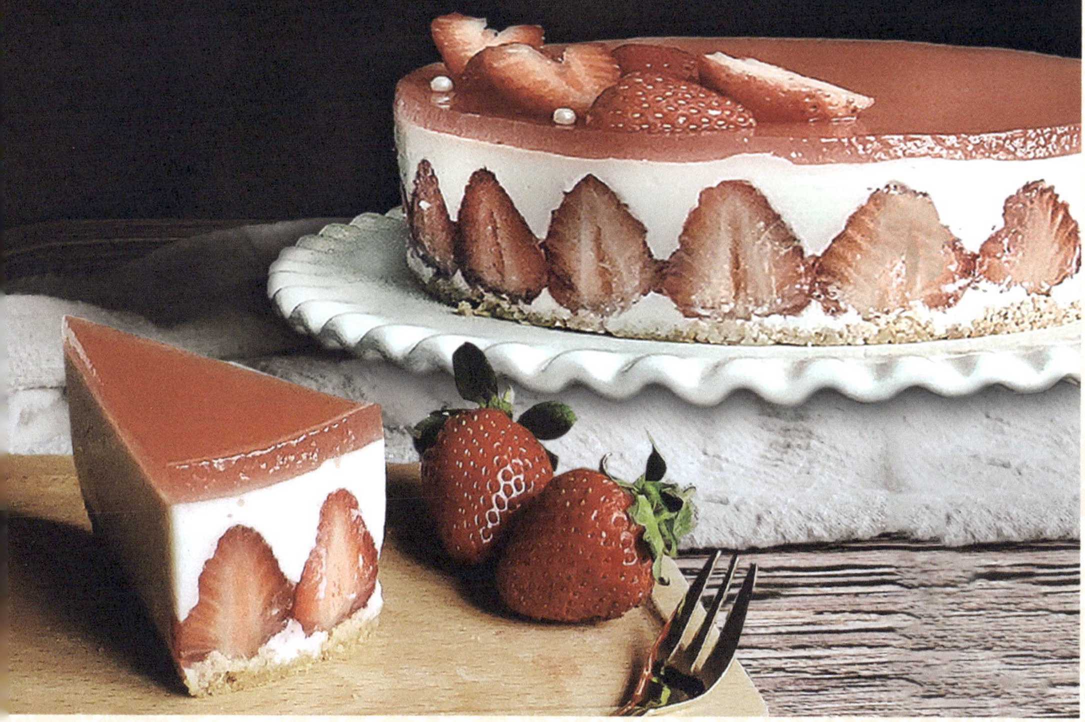

作者序
Preface

＊那年冬天，烘焙如蜜糖般豐富了我的生活

我的本業是鋼琴老師，每日都坐在鋼琴前教導學生如何在琴鍵上詮釋音樂，而烘焙則是在廚房創造一盤盤可口的點心，很多人常有疑問：「如此懸殊的領域為何會牽連在一起？」這就要追溯到學生時代國二上學期末。

那時正處於高中音樂班大考的水深火熱之中，除了要琢磨主副修樂器的技巧和音樂性，學科也必須同時兼顧，每日都在龐大的壓力下度過，可以說是蠟燭兩頭燒。偶然在一次小憩時間，看見一位youtuber的影片：只需要兩樣材料和小烤箱，就能做出巧克力蛋糕。因為做法簡單，馬上使我躍躍欲試。當時家中只有用來烤土司的迷你烤箱，就連蛋白打發的環節，因為沒有電動打蛋器而徒手慢慢打，即便手很酸、最後成品硬如石頭、焦如黑炭，吃下第一口還是有滿滿的成就感，「哇～這是我自己做出來的巧克力蛋糕！」當下壓力彷彿和蛋糕冒出的熱氣一同消失，轉而化成內心的滿足感，從那刻起，我愛上了烘焙；烘焙成為我生命中除了音樂以外，另一個不可缺少的存在。

於是我幾乎每天都會用準備考試之餘的閒暇時間，摸索嘗試各式各樣的點心，每一次實驗新食譜、嘗試不同食材搭配，都讓我充滿期待與興奮。當我把成品帶去與同學和老師分享時，他們露出臉上滿意的笑容、讚美與鼓勵，我更確信，這不僅僅是消遣，而是一種能夠帶來幸福的力量，而這也成為我日後持續熱愛、鑽研烘焙很大的動力。

在這條路上，我最感謝的是一直支持我的爸媽，當我在準備考試期間鑽研烘焙，他們沒有責備，而是鼓勵我找到平衡，學會安排時間，因為他們的包容和支持，讓我可以自在的在音樂和烘焙中遨遊，並從中獲得滿滿的快樂與成就感！

如今我的烘焙經驗也延續了10年，能夠將這些年來的學習與心得整理成冊與更多人分享，我深感幸運及感激。在這裡要特別感謝出版社給予我如此珍貴的機會，讓我能透過這本書，把我所熱愛的烘焙世界呈現給大家。這本食譜書不僅僅是食譜的集合，更是我一路走來不斷嘗試各種實驗、酸甜苦辣的心血結晶，希望能夠帶給讀者更多靈感與樂趣，讓每一次的烘焙，都能成為溫暖的享受。

最後，感謝每一位翻閱這本書的你，無論你是烘焙新手，亦或是已經擁有經驗的高手，我都希望這本書能夠陪伴你在烘焙的旅程上，找到屬於自己的快樂與成就感。讓我們一起用雙手，創造出屬於自己的幸福滋味吧！

目錄
Contents

草莓生乳酪	005
草莓盒子	013
芒果藏心慕斯	021
老奶奶檸檬蛋糕	029
生乳捲捲	035
紐約重乳酪起司蛋糕	041
巴斯克乳酪蛋糕	047
焦糖奶酥起司蛋糕	051
巧克力熔岩蛋糕	059
爆漿起司海鹽奶蓋蛋糕	065
北海道鮮奶杯子蛋糕	073
香草舒芙蕾	081
焦糖舒芙蕾	087
德式布丁	095
焦糖奶酪	101
英式司康	105
香酥蘋果派	111
起司培根派	117
巧克力麻糬QQ餅乾	123
奶油曲奇	129
白色戀人	133
棋格餅乾	139
杏仁瓦片	145
浪漫花圈小西餅	149
黑糖珍珠鮮奶	155

🍰 草莓生乳酪

生乳酪蛋糕是一款不需要烤箱、簡單好操作的甜點。即便如此,它還是有著豐富多層次的口感,在滑順濃郁的乳酪蛋糕體裡面,添加了優格,有助於增加蛋糕整體的清爽度,再搭配底層酥脆的餅乾底,和滿滿夢幻的草莓,非常美味!

工具

6吋慕斯圈一個

事前準備

1. creamcheese事先取出,在室溫下軟化。
2. 將草莓洗淨,去蒂頭。

材料

餅乾底

消化餅乾	70g
無鹽奶油	35g
草莓	8顆

蛋糕體

creamcheese	175g
無糖優格	140g
細砂糖	63g
動物性鮮奶油	140g
吉利丁片	7g

上層草莓凍

細砂糖	35g
水	50g
草莓	70g
吉利丁片	3g

裝飾

草莓	適量

作法 METHOD

餅乾底

01
將消化餅乾放入塑膠袋中,以**擀**麵棍或杯底壓碎,倒入碗中。

02
無鹽奶油融化,加入餅乾碎中攪拌均勻。

03
慕斯圈放於盤子上,將餅乾碎倒入,以刮刀壓平整、壓實。

04
草莓對半切開，貼滿慕斯圈邊緣，放入冰箱冷藏備用。

蛋糕體

01
吉利丁泡冰水軟化。

Tips
中途可不時刮一下鋼盆邊緣。

02
creamcheese以打蛋器打軟，加入優格攪拌均勻。

草莓生乳酪　007

03
鮮奶油加入細砂糖，開小火加熱至糖融化，關火。

04
將吉利丁水分擠乾後加入，拌勻至溶化。

05
將兩鍋分2次攪拌均勻，倒入慕斯圈中，以刮刀抹平整，送進冰箱冷藏3小時以上，或隔夜。

 **Tips**
完成的蛋糕體在放進冰箱時，盡量不要晃動到草莓，脫模時邊緣會較乾淨！

上層草莓凍

01 吉利丁片泡冰水軟化。

02 細砂糖加入水,開小火煮至糖融化。

03 軟化的吉利丁片擠乾水分加入,續煮至吉利丁融化,離火放涼至常溫。

04 70g的草莓以果汁機或攪拌棒打成汁,加入放涼的吉利丁液攪拌均勻。

05 過篩後,倒入蛋糕模中,撈除表面浮沫,繼續冷藏至少1小時。

草莓生乳酪 009

裝飾

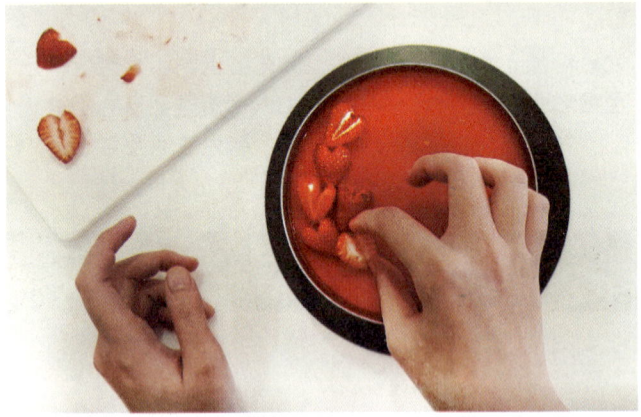

01
蛋糕從冰箱中取出，草莓切成自己喜歡的造型，裝飾在表面即完成。

Tips

01 凝固的蛋糕用吹風機、噴槍，或是熱毛巾稍微加熱慕斯圈周圍，再輕輕提起即可脫模。

02 裝飾的草莓，可在對切後的草莓頂部切一個小開口，看起來就像一顆小愛心，非常可愛！

草莓生乳酪

 # 草莓盒子

冬天，是我最愛的季節，除了有我覺得舒適的溫度外，最令我期待的就是草莓季的開始！

草莓季節短暫，當然要好好把握做出各式各樣的草莓甜點呀！這款蛋糕是甜點店和大型賣場的人氣點心之一，柔軟的戚風蛋糕，搭配上混合了鮮奶油的濃郁卡士達內餡，增加了濕潤的口感，每口都咬得到草莓，也是一款吃了會感受到幸福和滿足的點心唷！

 烤箱預熱：200／120℃　　 烘烤時間：25分鐘

工具

模具尺寸：底部12.5×9×8cm的塑膠盒約3-4盒（或自己喜歡的任何模具）

烤盤 43×34cm

白報紙2張

事前準備

1. 烤盤鋪上白報紙。
2. 烤箱預熱200／120℃

材料

蛋糕片

低筋麵粉	106g
液體油	77g
牛奶	96ml
蛋黃	7顆
蛋白	7顆
細砂糖	96g

內餡卡士達

牛奶	375mL
細砂糖	40g
蛋	3顆
玉米粉	30g
無鹽奶油	30g

內餡鮮奶油

動物性鮮奶油	250mL
細砂糖	20g

裝飾

動物性鮮奶油	225mL
細砂糖	12g
草莓	適量
鏡面果膠（杏桃果膠或草莓果醬加點水稀釋也可以）	適量

作法 METHOD

蛋糕片

01
將油、牛奶和蛋黃攪拌均勻。

02
低筋麵粉過篩加入，攪拌均勻。

03
蛋白分三次加入細砂糖打發，至濕性發泡。

Tips
攪拌頭提起呈大彎鉤狀。

04
先舀1/3蛋白加入蛋黃鍋中,初步混勻,再全部倒入蛋白鍋中翻拌均勻。

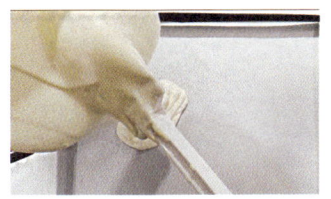  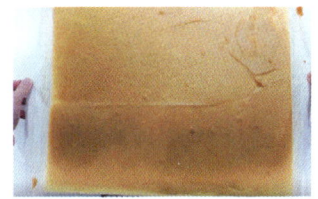

05
倒入烤盤中鋪滿鋪平,放進預熱好的烤箱,中層,烘烤10分鐘。

06
再拿出來轉向,溫度調成180／120℃,繼續烘烤15分鐘,至表面呈現金黃色即可。

07
蛋糕取出置於晾架上,撕開周圍的白報紙,上方蓋上另一張白報紙防止風乾,放涼備用。

內餡卡士達

01
取一鍋，將雞蛋加入玉米粉攪拌均勻。

02
取另一鍋，牛奶加入糖攪拌均勻後，小火加熱至糖融化。一邊將牛奶倒入蛋液中，一邊快速攪拌。

Tips
中間須不停攪拌避免燒焦。

03
過篩倒回牛奶鍋中，以小火加熱至濃稠有紋路。

04

倒入新的鍋子中，冷卻至50℃上下，加入奶油拌勻，再以保鮮膜貼著卡士達醬表面，放入冰箱冷藏備用。

內餡鮮奶油

01

鮮奶油加入糖，打發至有紋路、稍微流動的狀態（約七分發）。

組合

01

將卡士達醬從冰箱取出，稍微攪拌回復滑順，加入打發鮮奶油拌勻，裝入擠花袋中。

02

裝飾用的鮮奶油加入糖,打發至不流動的狀態(約九分發),裝入套有花嘴的擠花袋中。

03

將蛋糕撕開底部白報紙,裁切成和容器底部一樣的大小。

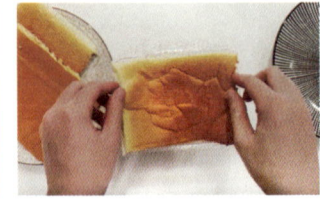

04

放入一片蛋糕片,擠上一層卡士達內餡,在邊緣排入對切的草莓,中間放上草莓果粒,再擠上一層卡士達內餡,鋪上蛋糕片。

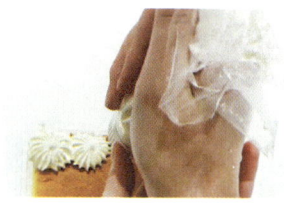 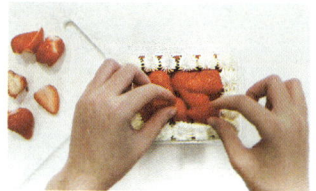 

05

邊緣擠上打發鮮奶油,中間依喜好放上草莓,塗上果膠後即完成。

芒果藏心慕斯

芒果，是夏天盛產的水果之一，在炎炎夏日，大口咬下清甜爽口的芒果，似乎也成了每年夏天必完成的儀式。這道點心從裡到外都是芒果，芒果口味的慕絲、夾著大塊芒果果肉、切開中間還有緩緩傾流而下的芒果流心，如果你是「芒果控」，這款甜點你一定不能錯過！同時，這也是一款不需要用到烤箱即可完成的甜品，現在就動手做做看，絕對不會讓你失望的喔！

工具

6寸（直徑15cm）慕斯模一個
2D 6齒花嘴

事前準備

1. 芒果去皮切塊，果肉完整的當夾心，剩下的邊角，待會打成泥當流心。裝飾用芒果可切小丁。
2. 慕斯模放於盤子上備用。

材料

餅乾底

消化餅乾	80g
無鹽奶油	40g

慕斯&流心

芒果果肉	350g
細砂糖	60g
檸檬汁	15g
吉利丁片	12.5g
動物性鮮奶油	150g

夾心

芒果果肉	200g

裝飾

動物性鮮奶油	150g
細砂糖	7g
芒果果肉	200g
糖珠	適量

作·法 METHOD

餅乾底

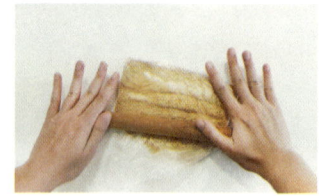

01
將無鹽奶油隔水融化,消化餅乾打碎,倒入攪拌均勻。

02
倒入模具中,用刮刀壓緊實,放冰箱冷藏備用。

慕斯&流心

01
吉利丁片以冰水泡軟。芒果丁加入糖及檸檬汁，攪打成泥。

02
秤出 300g（慕斯用芒果泥），其餘果泥就是流心的部分。

03
將泡軟的吉利丁擠出水分，隔水融化，加入（慕斯用芒果泥）混勻備用。

04
鮮奶油打發至大泡泡消失、打蛋頭劃過出現紋路馬上消失、提起會滴落的狀態即可（約5分發）。

芒果藏心慕斯　023

05

先取一半慕斯加入芒果泥中翻拌均勻,再全部倒回鮮奶油中翻拌均勻。

**Tips**

01 鮮奶油、慕斯及芒果泥在翻拌時,盡量輕拌,不要讓鮮奶油中的空氣消失了!

02 攪拌完成的慕斯糊要有濃稠度,芒果才不會都沉在底下。

06

倒上薄薄一層慕斯糊在模具中,再鋪上一層芒果丁。

07
再倒入一層慕斯糊，在外圍鋪上一圈芒果丁，中間倒入芒果流心，再鋪上剩餘的慕斯糊。

 **Tips**
在鋪最後一層慕斯糊時，要從邊緣開始倒，流心才不會漏出來。

08
輕晃模具使其表面變平，送入冰箱冷藏至少4小時。

裝飾

01
鮮奶油加入糖，打發至紋路不消失不流動的狀態即可停機（約8分發）。

 **Tips**
鮮奶油千萬不要打得太發，若打得太發了，擠出來的紋路會有鋸齒，不好看。

芒果藏心幕斯　025

02
將鮮奶油裝入套有擠花嘴的擠花袋中。

03
蛋糕取出,用熱毛巾捂一下,或用吹風機吹模具邊緣脫模。

04
在蛋糕周圍擠一圈玫瑰花。(先擠對角較易平均。)接著再從中間擠一些小星星固定芒果丁。

05
在中間鋪上芒果丁，撒上糖珠裝飾即完成。

 # 老奶奶檸檬蛋糕

「老奶奶檸檬蛋糕」起源於南法一個盛產檸檬的小鎮—蒙頓，相傳由於鎮上的老奶奶都會利用新鮮採收的檸檬以及天然的食材，做成這一款純樸簡單的家常蛋糕，因此命名；也有人說是因為檸檬糖霜沿著蛋糕體流下來，就像是奶奶的白髮而得名，是不是很可愛呢？

第一次吃到這款蛋糕，就對它濕潤帶點酸甜的滋味感到驚艷不已！喜愛檸檬的你們一定要試試。

 烤箱預熱：170／170℃　　 烘烤時間：35分鐘

工具

6吋蛋糕模一個

事前準備

1. 在模具邊與底部都鋪上烘焙紙備用。
2. 烤箱預熱170/170℃。

材料

蛋糕體

雞蛋	3顆（約130g）
細砂糖	90g
無鹽奶油	30g
牛奶	30g
低筋麵粉	100g

檸檬糖霜

檸檬汁	15g
水	2g（視濃稠度酌量增減）
糖粉	100g
檸檬皮屑	1顆

作・法 METHOD

事前準備

在模具邊與底部都鋪上烘焙紙備用。

蛋糕體

01
將蛋液打散,加入細砂糖攪拌均勻。

02
隔水加熱蛋液,一邊攪拌直到溫度達到38℃,即可取出(手指放入感覺溫溫的)。

 **Tips**

隔水加熱蛋液,是因在溫熱的狀態下,可以讓全蛋液更容易打發且組織細緻。

03
高速打發蛋液,直到蛋液提起可以畫出八字,慢慢滴落消失;轉低速再劃幾圈讓組織更加細膩。

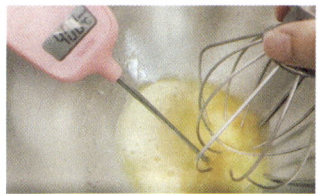

04
將無鹽奶油與牛奶一起隔水融化。

05
將過篩的低筋麵粉加入全蛋麵糊中翻拌均勻。

06

先舀一小勺麵糊加入奶油中混勻，再全部倒入蛋糕糊中，快速翻拌均勻。

Tips

翻拌麵糊時，手法要輕柔、速度要快，以免消泡。盆底最容易沉積麵粉，刮刀記得要貼緊底部往上翻。

07

倒入模具中，震幾下，讓大氣泡浮出來。即可放入預熱好的烤箱，中層，烘烤35分鐘。

檸檬糖霜

01

將檸檬汁加入過篩的糖粉裡攪拌均勻，視濃稠度加入水，呈現滴落後馬上消失的狀態即可。

Tips

水一次加一點點就足以讓糖霜變稀了，所以千萬不要一次將水全部加入。

組合

01
蛋糕底部朝上,將檸檬糖霜淋上去,用刮刀稍微撥動,使糖霜沿著蛋糕邊緣流下。

02
在頂部周圍撒上檸檬皮屑,中間放上半片檸檬片裝飾即完成。

 # 生乳捲捲

充滿蛋香味的戚風蛋糕體，夾著爆棚的乳香，將入口即化的鮮奶油一把捲進，就這樣讓這些稀鬆平常、垂手可得的材料，瞬間變身為一款使人吮指留香、回味無窮的甜點。

烤箱預熱：200℃／120℃　　烘烤時間：25分鐘

工具

42×34深烤盤（可做2捲）
白報紙：數張

事前準備

1. 將一張比烤盤稍大一些的白報紙，沿著稜角折線，再剪一刀至壓痕交叉處，即可鋪入盤中。
2. 將八顆蛋的蛋白及蛋黃分開；蛋白要確保是冰的以利後續打發。
3. 烤箱預熱 200℃／120℃。

小叮嚀

此配方的蛋糕體使用燙麵法，用較高油溫將麵粉燙軟降低筋性，進而吸收更多水分，使蛋糕口感更加輕盈柔軟，捲起時成功率更高不易斷裂喔！

材料

蛋糕體

蛋8顆 ———————（帶殼約60g）
細砂糖 ———————————— 105g
鹽 ——————— 少許（一小小湯匙）
室溫鮮奶 ———————————— 120g
液態油 ————————————— 90g
低筋麵粉 ———————————— 140g
香草精 ———— 少許（約半個瓶蓋）

內餡

動物性鮮奶油（冰冰的）—— 350g
細砂糖 ————————————— 28g

作法 METHOD

蛋糕體

> **Tips**
> 01 液態油千萬不要加熱過頭,油溫太高會使麵粉過度結團,不利後續蛋黃糊混合。若出現此狀況,可額外添加牛奶補救。
> 02 麵筋勿過度攪打,會出筋,使蛋糕口感不佳。

01
油小火煮至有油紋關火(約50-60℃)。

02
低筋麵粉過篩,用打蛋器輕輕攪勻至無粉粒。

03
在低筋麵粉中加入鮮奶攪勻。

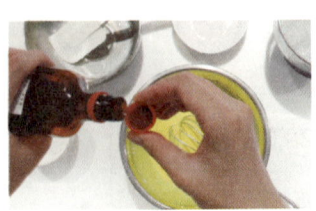

> **Tips**
> 香草精為增加香氣及去腥,亦可替換成香草酒或省略不用。

04
分2次下蛋黃攪勻後,加入香草精一起拌勻。

05

將上述半成品放一旁備用。

06

將先前分開的冰冰的蛋白，先用打蛋氣調中低速打至粗泡停機，加入1/3的糖，用中高速續打至泡沫變細緻後，再加入1/3的糖，打至出現紋路，將剩餘1/3的糖全部加入，再慢慢轉為中速攪打至濕性發泡（打蛋器提起為大彎鉤），最後再用最低速轉兩三圈使蛋白霜更細緻些。

07

取1/3蛋白霜先和蛋黃糊（作法4）大致拌勻後，倒入剩下的蛋白霜中，用刮刀輕輕由下往上翻拌至完全均勻即可。這裡動作須輕柔且快速，否則蛋糕糊會過稀；若沒有拌均勻，成品可能會有粿狀物沉積。

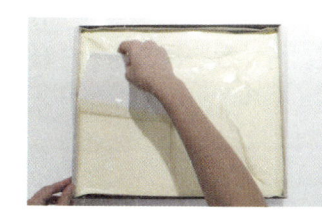

08

倒入烤盤內，用硬刮板輕輕將表面抹平整，再將烤盤震幾下讓大氣泡破掉。

09

放進預熱好的烤箱，中層烤10分鐘後，烤盤轉向，上火調成180℃，續烤15分至表皮呈均勻金黃色。（烤溫烤時依自家烤箱調整。）出爐後連白報紙一齊拉出，撕開周圍置涼（需在表面蓋張白報紙避免乾裂）。

內餡

Tips
夏天可在盆底墊冰塊水，避免油水分離

將內餡所需的全部材料放入較深的盆中，以中速打發至10分發（明顯感受到阻力、鮮奶油由亮面轉為霧面、紋路非常明顯、提起打蛋器尾端為硬挺尖峰狀）即停手，否則會油水分離。放入冰箱冷藏備用。

組合

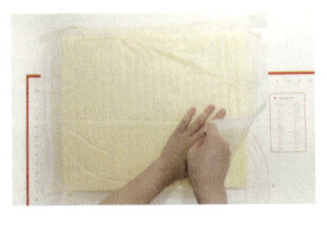

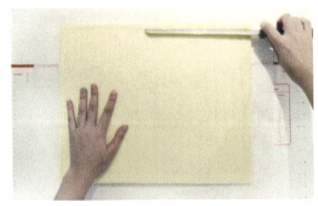

01

將涼透的蛋糕片倒置在一張較大張的白報紙上，將底部的白報紙撕開，長端面向自己。

02

在離自己較遠的那端用刀修成斜角（收口較漂亮），離自己較近那端切幾刀不斷的線（捲起時較不易斷裂）。

03

抹上打發好的內餡，離自己較遠那端留一些空間不要抹到；在離自己較近那端將內餡堆成小山丘。

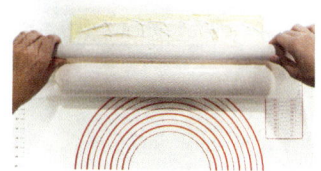

04

白報紙下墊擀麵棍同時提起，先壓一下包住內餡小山丘，再一口氣往前捲至底，擀麵棍往回收緊、停留一下拿開，再用硬刮板收緊一些。將蛋糕捲連著白報紙捲起，兩邊包緊，入冰箱冷藏定型至少1小時。

Tips

若桌面較滑不好捲，可在白報紙一半的面積下墊一張揉麵墊止滑會改善很多。

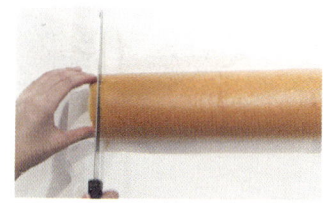

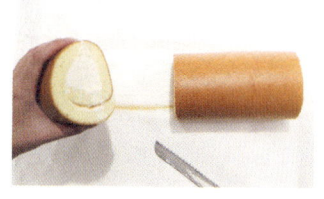

Tips

切蛋糕時，每切一刀就擦拭一次刀面，切面才會乾淨。

05

從冰箱中取出蛋糕後，切下蛋糕的兩邊，再一分為二即完成。

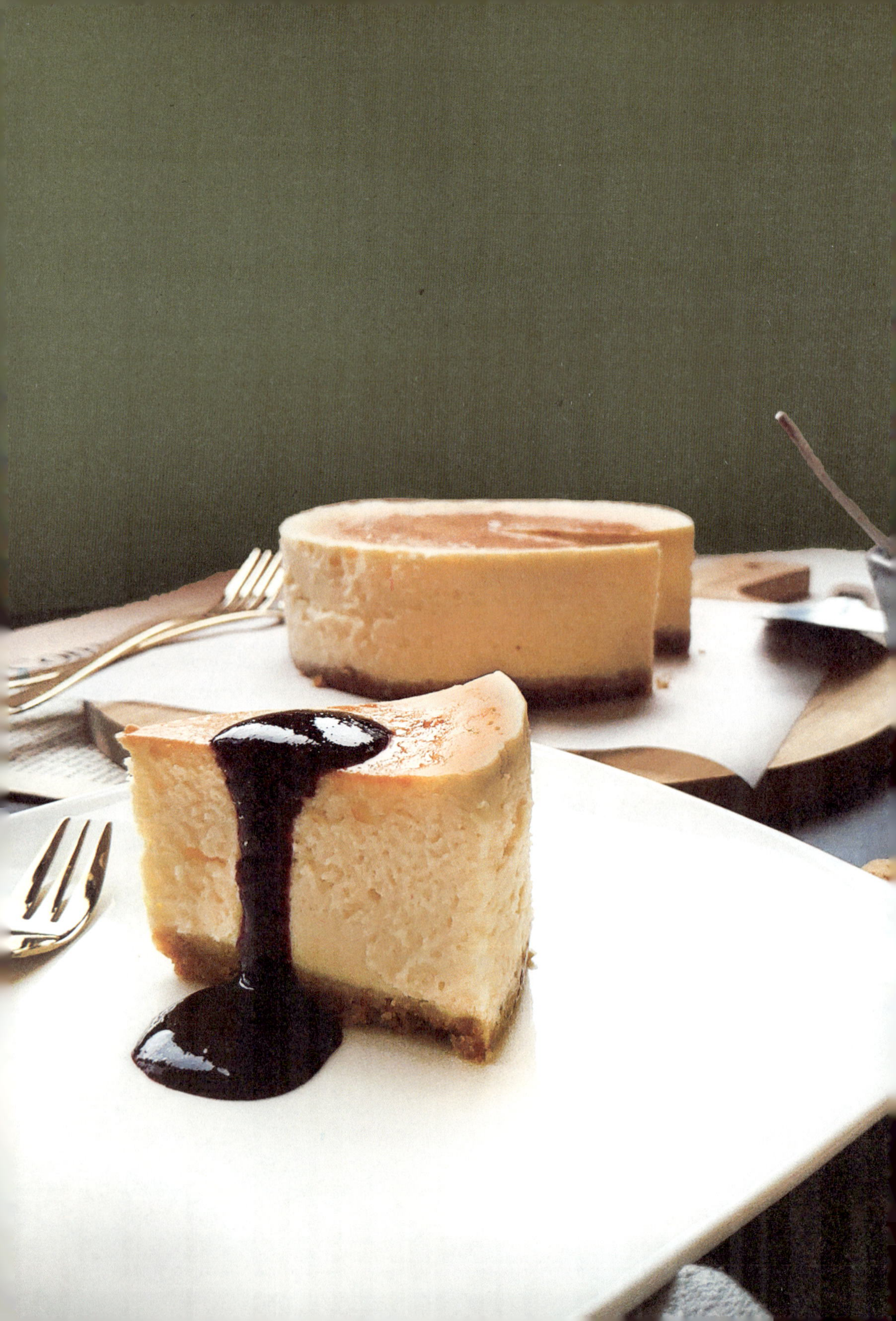

紐約重乳酪起司蛋糕

重乳酪蛋糕是我的最愛，每每去咖啡廳必點這一道甜點。一勺入口，立即在舌尖融化成濃郁奶香；蛋糕體細緻綿滑的口感，點綴上些許酸甜滋味的果醬，與底下鹹香的餅乾底三者搭配得宜，誰也不搶了誰的風采，彷彿在嘴裡演奏出絕妙的三重奏盛宴，美味極了！

烤箱預熱：180／180℃　　烘烤時間：60分鐘

工具

6吋蛋糕模一個

事前準備

1. 事先將蛋＆creamcheese取出退冰。
2. 若蛋糕模為活動模，底部須包上約兩層鋁箔紙避免進水。
3. 烤箱預熱180／180℃。

材料

蛋糕體

消化餅乾	84g
無鹽奶油	42g
creamcheese	280g
細砂糖	75g
酸奶（或無糖優格）	140g
動物性鮮奶油	105g
全蛋液	75g
玉米粉	12g
香草精	1大匙
檸檬汁	1/8顆

果醬

冷凍藍莓	70g
細砂糖	14g
水	1大匙

作法 METHOD

事前準備

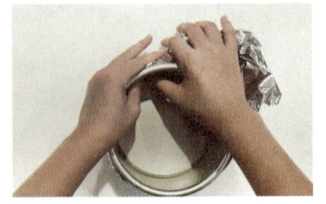

若蛋糕模為活動模,底部須包上約兩層鋁箔紙避免進水。

蛋糕體

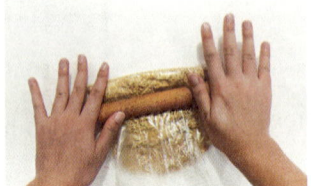

01
消化餅乾裝入塑膠袋中,用麵棍碾碎。

02
將無鹽奶油融化,倒入碎餅乾中搓揉均勻。

03
倒入模具中，用刮刀壓緊實。

04
蛋糕模邊緣塗抹奶油，圍上裁切好的烘焙紙，放入冰箱冷藏備用。

05
軟化creamcheese，並加入細砂糖攪拌均勻。

Tips
01 步驟5-11，每加入一樣材料，都要用刮刀整理一下鍋邊，使材料確實混入蛋糕糊中。
02 攪拌機全程使用最低速，混勻就好，不要打發唷！

06
加入酸奶攪拌均勻。

07
加入鮮奶油攪拌均勻。

08
加入蛋液攪拌均勻。

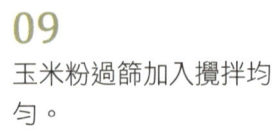

09
玉米粉過篩加入攪拌均勻。

10
加入香草精＆檸檬汁攪拌均勻。

11

倒入模具中,鋪至表面平整,烤盤倒入約3cm高的熱水,放上蛋糕,下層,烘烤30分鐘;調整溫度至150／150℃,再烘烤30分鐘。

12

關火,讓蛋糕在烤箱內靜置1小時。取出冷卻後,連同模具一起放入冰箱冷藏至少6小時,再取出脫模。

Tips
讓蛋糕留在烤箱內冷卻,目的是不讓溫度一下子降太快,導致蛋糕凹陷。

果醬

01
所有材料放入鍋中,以小火慢煮約4分鐘至藍莓呈軟爛狀態。

02
取出過篩將皮過濾掉,即完成。品嚐蛋糕時,將果醬淋至蛋糕上,即可享用。

紐約重乳酪起司蛋糕　045

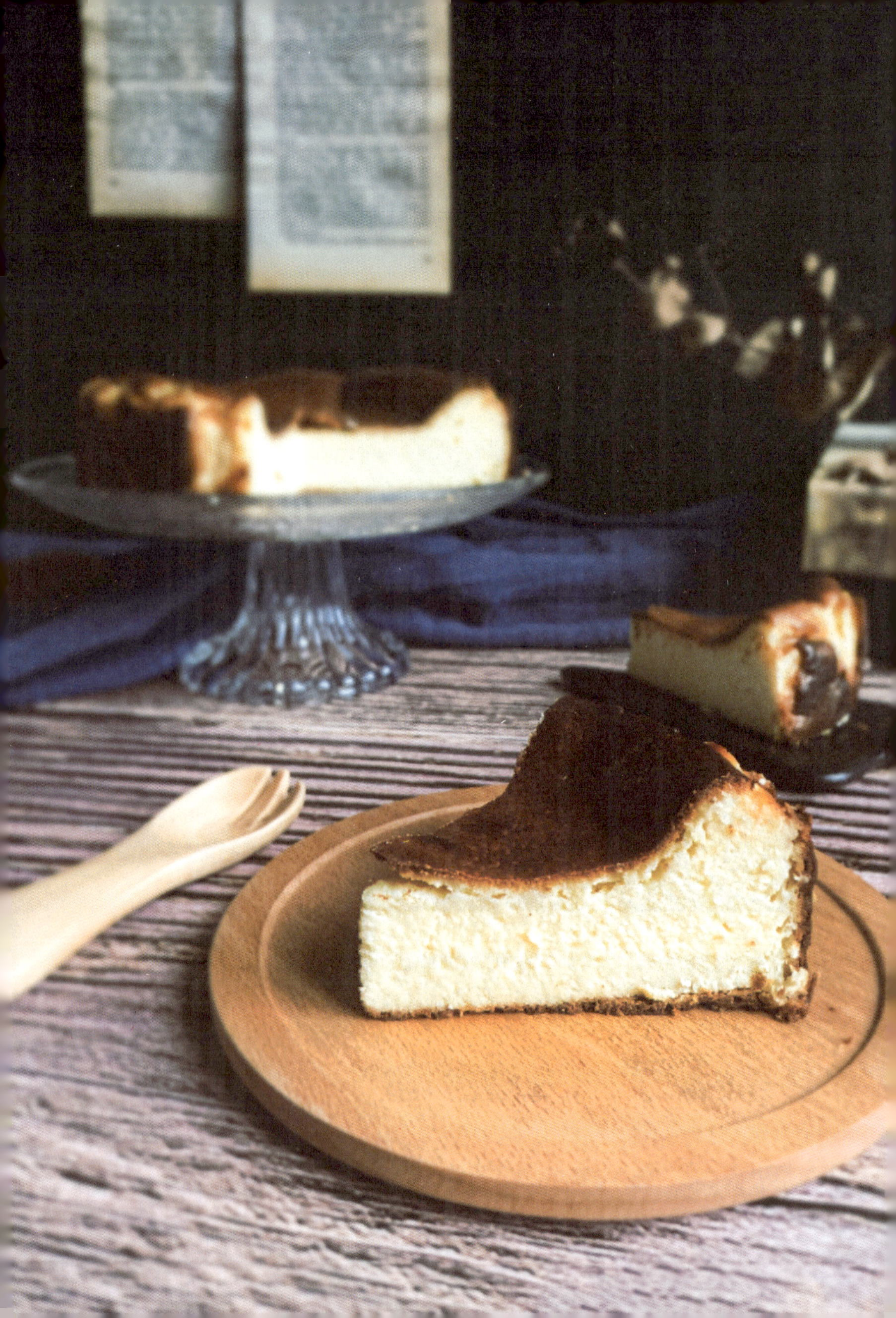

巴斯克乳酪蛋糕

這款蛋糕起源於西班牙巴斯克地區的一家小餐館,被《紐約時報》評選為「2019年度甜點」。特色就是藉由高溫烤出焦黑的表面和烘焙紙凹凸不平的皺褶,雖然外型較一般乳酪蛋糕顯得狂野不羈,卻別有一番特殊迷人的焦糖香氣。

烤箱預熱:230℃／200℃　　烘烤時間:45分鐘

工具

6吋活動蛋糕模(一個)

事前準備

1. 準備一張烘焙紙,隨意放進模具中充分貼緊。
   (可用另一個直徑稍微小一些的蛋糕模將烘焙紙壓入,會較整齊。)
2. 奶油乳酪放室溫軟化。
3. 雞蛋提前取出退冰。
4. 烤箱預熱230℃／200℃。

材料

奶油乳酪	250g
細砂糖	60g
鹽	一小搓
雞蛋	2顆
動物性鮮奶油	115g
低筋麵粉	10g
香草精	1/2小匙

作法 METHOD

01
將軟化的奶油乳酪打軟,加入細砂糖攪拌均勻。

Tips
奶油乳酪不須打發,若過度攪打,成品會有氣泡。

02
雞蛋分兩次加入攪拌均勻。

03
加入鮮奶油一起攪拌均勻。

04
低筋麵粉過篩後加入攪拌均勻。

> **Tips**
> 上述步驟都要時不時用刮刀刮一下鋼盆邊緣,確保都有混和均勻。

05
加入香草精攪拌均勻。

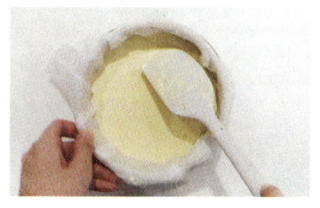

06
將麵糊過篩,倒入模具中稍微抹平整,再震幾下排出內部空氣。

> **Tips**
> 01 剛出爐的蛋糕中間還有些晃動是正常的,冷卻後,就會凝固且表面會慢慢下凹。
> 02 切蛋糕前,刀子可先泡一下熱水、擦乾,蛋糕切面會比較漂亮。

07
放入預熱好的烤箱中層,烘烤25分鐘,溫度調整為210℃／200℃,再烘烤15-20分鐘,至表面呈焦黑色即可取出放涼,冷藏至少6小時,再取出脫模。

巴斯克乳酪蛋糕

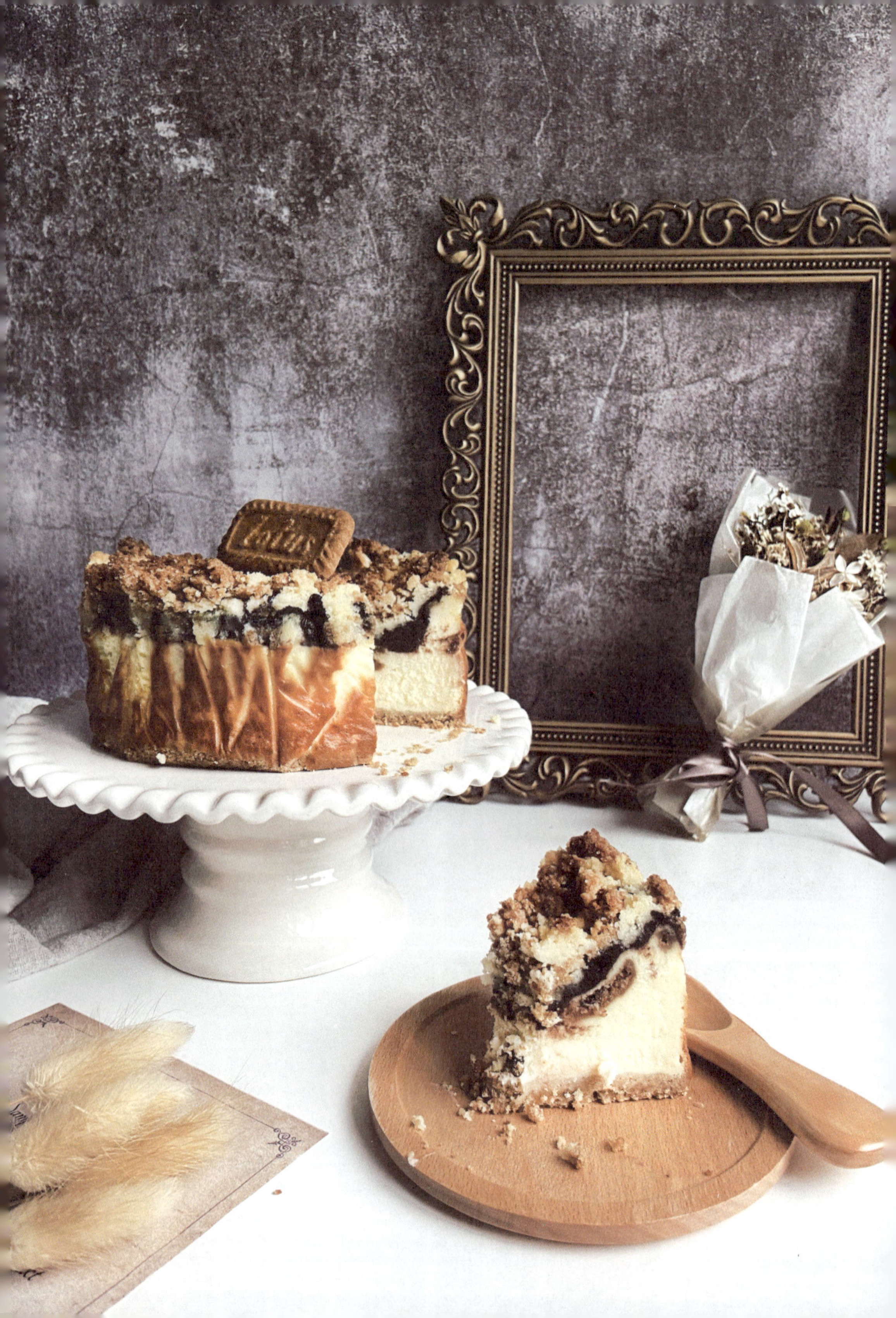

焦糖奶酥起司蛋糕

濃郁綿密的乳酪蛋糕中，和著些許焦糖風味的蓮花餅乾，搭配上層兩種口味的酥脆奶酥，以及畫龍點睛的巧克力醬，就是一款口感層次豐富，同時在視覺上又相當吸睛的極品甜點！

烤箱預熱：180／180℃　　烘烤時間：55分鐘

工具

6吋圓形蛋糕模1個

事前準備

1. 模具鋪上烘焙紙。
2. 奶油乳酪、雞蛋提前取出放室溫。
3. 烤箱預熱180/180℃。

材料

原味奶酥

低筋麵粉	25g
杏仁粉	25g
細砂糖	10g
軟化無鹽奶油	25g

焦糖奶酥

蓮花餅乾	25g
杏仁粉	25g
細砂糖	7g
軟化無鹽奶油	25g

餅乾底

消化餅乾	70g
無鹽奶油	30g

蛋糕體

奶油乳酪	225g
細砂糖	45g
雞蛋	2顆
鮮奶油	100g
酸奶	100g（亦可用無糖優格代替）
玉米粉	20g
融化無鹽奶油	15g
蓮花餅乾碎	50g

巧克力醬

黑巧克力	25g
白巧克力	20g
鮮奶油	25g
無鹽奶油	5g

作·法 METHOD

事前準備

模具鋪上烘焙紙。

焦糖奶酥

01
將餅乾放於塑膠袋中,使用擀麵棍敲成細碎粉末狀。

02

倒於碗中與其他材料混合均勻,用手撥散成大顆粒狀,蓋上保鮮膜冷藏備用。

原味奶酥

將所有材料混合均勻,用手撥散成大顆粒狀,蓋上保鮮膜冷藏備用。

餅乾底

01

將消化餅乾放於塑膠袋中,使用擀麵棍敲打、擀壓細碎。

02
無鹽奶油隔水融化，將餅乾碎倒入混合均勻。

03
鋪於模具中按壓均勻，移至冰箱冷藏備用。

蛋糕體

01
將軟化奶油乳酪稍微打散，加入糖混合均勻。

02
依序加入雞蛋、酸奶、鮮奶油混合均勻。（加入任一材料時，都不須打發，拌勻即可。）

03
玉米粉過篩加入，混合均勻。（中途可時不時用刮刀，將邊緣不均勻的材料刮進來攪拌均勻。）

04
倒入融化無鹽奶油混合均勻，入模。

焦糖奶酥起司蛋糕

05

將餅乾剝碎放入，使用刮刀將餅乾均勻壓入蛋糕糊中，輕震一下敲出空氣，放入預熱好的烤箱，中層，烘烤10分鐘取出。

巧克力醬

烘烤蛋糕體期間，可製作巧克力醬。只需將巧克力醬的所有材料隔水融化攪拌均勻即可。

組合

01
將融化巧克力醬塗抹於蛋糕上,交錯撒上兩種奶酥粒。

02
烤箱降溫至170/170℃,續烤45分至表面金黃即可取出。

03
放涼,置於冰箱冷藏隔夜脫模,即完成。

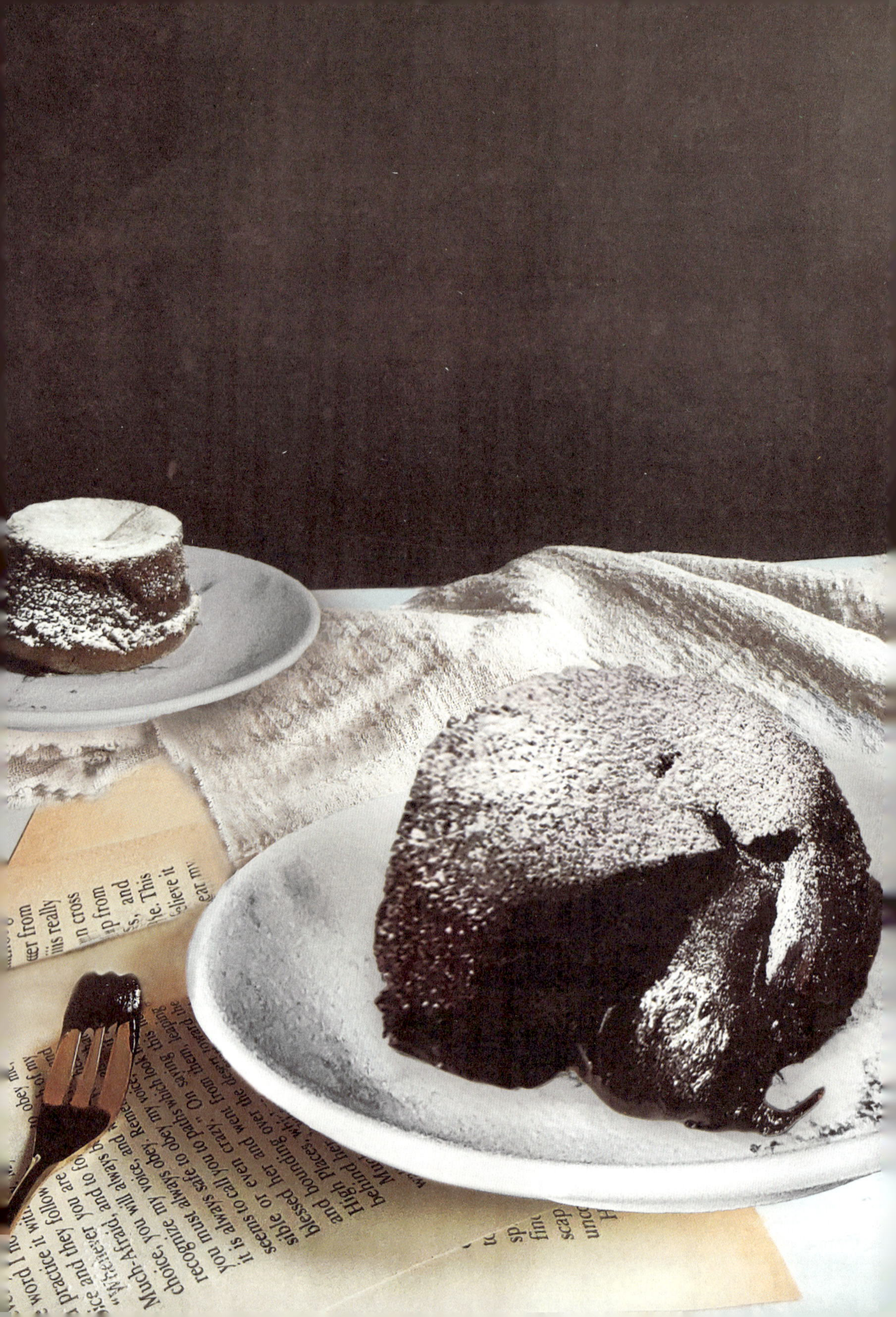

巧克力熔岩蛋糕

有時候，就是有那麼一個moment，特別想來點甜點溫暖自己的胃，熔岩蛋糕絕對是上選！雖然外表沒有過多的裝飾，但在切開溫熱鬆軟的蛋糕體瞬間，滿滿的巧克力熔岩內餡傾流而下，每一口都有甜蜜幸福的滋味！配上一杯黑咖啡或是熱紅茶，美好的下午茶時光就這麼開始了呢！

烤箱預熱：200／200℃　　烘烤時間：11分鐘

工具

底部直徑6.5cm、高4.2cm的陶瓷烤模4個

事前準備

1. 烘焙紙裁剪成適當大小，放入模具底部。
2. 烤箱預熱200／200℃。

材料

黑巧克力	100g
無鹽奶油	100g
全蛋	2顆
蛋黃	2顆
糖粉	80g
可可粉	27g
低筋麵粉	27g

裝飾

防潮糖粉	適量

作·法
METHOD

事前準備

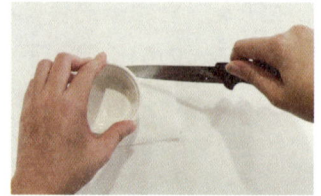

烘焙紙裁剪成適當大小,放入模具底部。

作法

01
將巧克力和奶油一起放入鍋中,隔水加熱融化拌勻。

Tips
可先將巧克力切碎,加快融化速度。

02
全蛋和蛋黃以打蛋器攪拌均勻。

03
糖粉過篩加入拌勻。

04
融化的巧克力奶油再一起加入攪拌均勻。

05
可可粉與低筋麵粉一同過篩加入,繼續攪拌均勻,麵糊即完成。

巧克力熔岩蛋糕 061

06
完成的麵糊倒入模具中約八分滿。

07
放入冰箱冷凍庫約5-7分鐘，凍至麵糊搖晃不流動再取出，以避免蛋糕變成全熟沒有流心的蛋糕。

Tips
烘烤時，蛋糕完成的狀態是中心呈軟軟的晃動感、外圍一圈已稍微定型時，再取出。

08
放入預熱好的烤箱，中層，烘烤11分鐘。

09
出爐後,讓蛋糕留在烤模裡3-5分鐘定型,再用小刀刮一圈脫模。

Tips
蛋糕趁熱吃流心效果最佳;亦可放入冰箱冷藏,又是別有一番滋味的不同口感喲!

10
表面撒上防潮糖粉即完成。

巧克力熔岩蛋糕　063

AT THE

To a large degree,
peace of mind
by how much we are able to
irrespective of what hap

To combat
attention
through some te
opened. I don't think I can say it any better. Keepi
your attention on the here and now. Your
efforts will pay great dividends

爆漿起司海鹽奶蓋蛋糕

充滿濃濃蛋香的戚風蛋糕，注入滿滿的奶蓋醬，鹹甜濃郁的滋味，豐富了原來純樸的蛋糕，再搭配烘烤過後香脆的杏仁片，如同畫龍點睛般，使蛋糕又提升到另一個層次。每次只要做這個蛋糕，一定都會被家人秒殺，任誰都無法抗拒這迷人的滋味，實在是太好吃了！

烤箱預熱：170／130℃　　烘烤時間：45分鐘

工具

6吋蛋糕模一個
花嘴型號SN7066

事前準備

1. 分離蛋白、蛋黃（蛋白不可沾到水或蛋黃）；蛋白蓋上保鮮膜入冰箱冷藏備用。
2. 烤箱預熱170/130℃

材料

蛋糕體

蛋黃	3顆（約50g）
液體油	35g
牛奶	40g
低筋麵粉	50g
蛋白	3顆（約100g）
細砂糖	50g
玉米粉	5g

卡士達醬

蛋黃	2顆
牛奶	250g
細砂糖	15g
玉米粉	25g

乳酪醬

creamcheese	100g
細砂糖	10g
海鹽（或一般鹽）	2g
鮮奶油	50g
酸奶（或無糖優格）	50g

裝飾

杏仁片	50g
防潮糖粉	適量

作法 METHOD

戚風蛋糕體

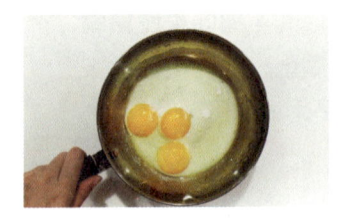

01
將液體油、牛奶、蛋黃混勻。

02
低筋麵粉過篩,加入攪拌均勻,蛋黃糊即完成。包上保鮮膜放一旁備用。

> **TIPS**
> 攪拌均勻即可停手,勿過度攪拌,以免出筋。

03

蛋白從冰箱取出,初步攪打出粗泡,加入1/3細砂糖,中速繼續攪打,打至泡泡變細緻後,加入1/2細砂糖繼續攪打,待紋路出現後,加入剩下所有細砂糖、玉米粉,續打至打蛋頭提起呈直挺尖勾狀(硬性發泡),最後再用最低速繞幾圈,使大氣泡消失,讓蛋白霜更細緻漂亮。

TIPS

加入玉米粉,是由於玉米粉吸水性強,可吸收蛋白霜裡多餘的水分,增加泡沫表面張力,使蛋白霜更穩定。

04

先取1/3蛋白霜入蛋黃糊中混勻,再將全部蛋黃糊倒入蛋白霜中,以刮刀翻拌均勻。

05

入模,將表面大致抹平整,輕震3下,放入烤箱,下層,烘烤45分鐘。(等待烘烤期間來做奶蓋。)

06
出爐在桌面上震一下,將熱氣排出減少回縮,倒扣放涼。

乳酪醬

01
熱水燒開關火,將creamcheese、細砂糖、鹽隔水軟化。

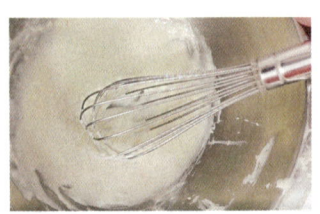

02
加入鮮奶油攪拌均勻,離水。

03
加入酸奶攪拌均勻,放一旁備用。

卡士達醬

01
蛋黃加入細砂糖混合均勻。

02
加入玉米粉混合均勻。

03
另取一鍋,牛奶小火加熱煮至冒熱氣(勿沸騰,會把蛋黃燙熟)。

04
將牛奶分3次慢慢倒入蛋黃糊中混勻。

> **TIPS**
> 卡士達醬一有紋路就必須馬上離火,加熱太過頭,奶蓋會太固體無法流下來唷。

05
倒回原鍋,以最小火加熱不停攪拌,待底部有凝固感覺馬上離火,持續攪拌至有紋路、順滑。

奶蓋

將卡士達醬趁熱倒入乳酪醬中混勻,保鮮膜貼著表面,入冰箱冷藏備用。(可保存3天。)

杏仁片

等待奶蓋冷卻期間,將杏仁片鋪在烤盤上,以160/160℃烘烤15-20分,中途烤至約10分鐘時取出翻拌一下再烤至表面金黃、有香氣,取出備用。

組合

01
將蛋糕脫模,底部朝上,小刀插入蛋糕中轉一圈。

02
奶蓋裝入放有花嘴的擠花袋中,從切口擠入,至蛋糕微微鼓起。

03
蛋糕表面也擠上奶蓋,用刮刀抹平整。撥動邊緣使奶蓋自然流下。

04
撒上烘烤過的杏仁片。(杏仁片建議現吃現撒,以免時間久了會反潮不酥脆。)

05
篩上防潮糖粉裝飾表面,即完成。

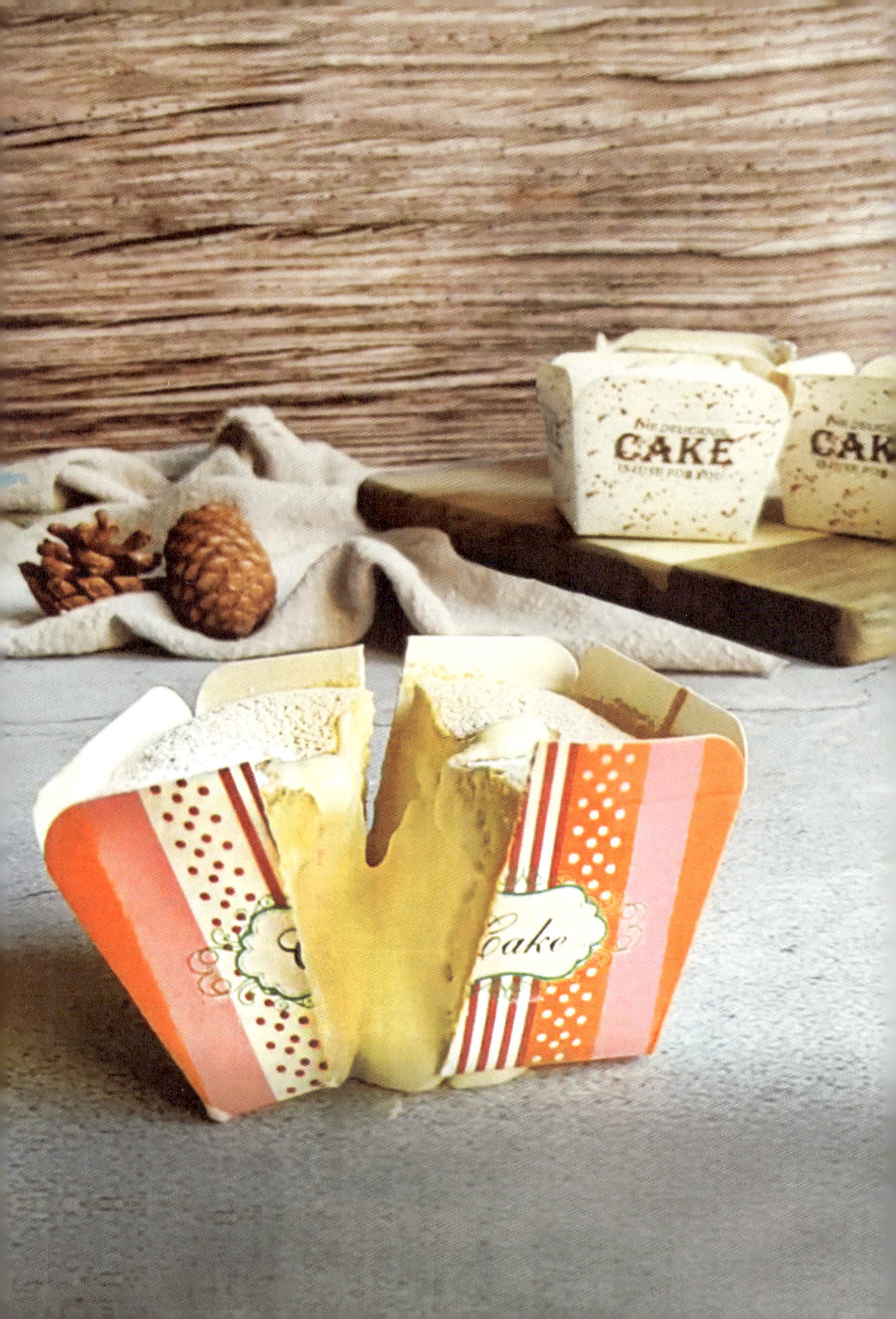
CAKE
Cake

北海道鮮奶杯子蛋糕

這款戚風蛋糕體是採用「燙麵法」來增加麵粉的吸水度，使蛋糕口感更加鬆軟好吃，再搭配滿滿爆漿的卡士達內餡，入口的瞬間，滑順又爽口，讓人忍不住的一口接一口！

烤箱預熱：140℃／120℃　　烘烤時間：55分鐘

工具

邊長5cm方形蛋糕紙杯 12個
泡芙花嘴 1個

材料

蛋糕體

蛋白4個	（約38g／個）
細砂糖	55g
玉米粉	8g
蛋黃4個	（約18g／個）
植物油	40g
鮮奶	60g
低筋麵粉	60g
鹽	1g
蘭姆酒	2g

卡士達內餡

鮮奶	120g
細砂糖	15g
發酵奶油	20g
低筋麵粉	8g
玉米粉	6g
雞蛋	1/2個（約27g）
香草精	1/4 小匙
動物性鮮奶油	125g
煉乳	10g

裝飾

防潮糖粉	適量

作・法 METHOD

蛋糕體

01 將植物油小火煮至50℃關火。

02 低筋麵粉過篩,加入攪拌均勻。

03 依序加入牛奶、蛋黃攪拌均勻。

04 加入蘭姆酒攪拌均勻後,即完成蛋黃糊。放一旁備用。

Tips
01 加入每樣材料都要確定攪拌均勻再加入下一樣。
02 攪拌蛋黃糊次數不可過多,避免出筋影響口感。

05

鹽加進砂糖碗裡，先倒1/3至蛋白裡打發至粗泡後，再加入1/3的細砂糖繼續打發，打至出現紋路後，先停機，將剩餘的細砂糖及玉米粉同時加入，繼續打發至「大彎鉤」的濕性發泡狀態。

Tips

所謂「大彎鉤」指的是提起打蛋器，蛋白會有彎鉤狀態，便是達到了濕性發泡狀態。

06

用刮刀稍微拌勻備用的蛋黃糊。取1/3蛋白霜先和蛋黃糊混勻，再倒回至剩下的蛋白霜中，輕柔快速的翻拌均勻。

> **Tips**
> 麵糊若裝太滿，進烤箱烘烤時，表面會裂開變發糕，因此約裝7分滿即可。

07
使用湯匙或擠花袋將麵糊入模，每一個大約裝7分滿。最後再用筷子在每一杯模裡稍微畫圈，以消除大氣泡。

> **Tips**
> 杯身側放是為了降低表面回縮的程度。

08
裝杯完成後，烤盤拿起震一下，再送入預熱好的烤箱，中層，烘烤55分鐘至表面呈金黃上色。

09
出爐後的杯子蛋糕體稍微再震一下，再將杯子蛋糕一一側身置於架上放涼。

卡士達內餡

01
將所有粉類過篩，加入細砂糖稍微拌一下，再加入1/2的全蛋攪拌均勻。

076

Tips

01 建議可以用厚一點的牛奶鍋來煮，底部比較不會燒焦；也可用隔水加熱的方式煮哦。

02 若煮到一半，發現卡士達醬結顆粒，可先離火並再度快速攪拌，就會再度變回滑順狀態了，再繼續放回爐上煮至理想狀態即可。

02
牛奶以小火煮至80℃（鍋邊冒小泡泡），關火，慢慢沖入蛋黃糊中，同時一邊快速攪拌。

03
加入香草精，重新放回爐子上以小火一邊快速攪拌，煮至卡士達醬濃稠，滴落時，紋路不會馬上消失即可離火。

04
趁熱拌入發酵奶油，待奶油全部融化後，表面貼上保鮮膜，送入冰箱冷藏降溫。

Tips
保鮮膜一定要貼著卡士達表面，以避免水氣產生影響美味。

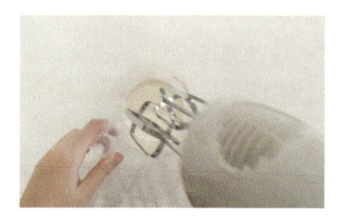

05

將鮮奶油打至6-7分發（打蛋器劃過有紋路，但還是比較柔軟的狀態）。

06

取出已冷卻的卡士達醬，用打蛋器攪拌使之恢復滑順，再加入打發鮮奶油、煉乳一起攪拌均勻即完成。

組合

01

花嘴入擠花袋內，將卡士達鮮奶油裝入袋中。

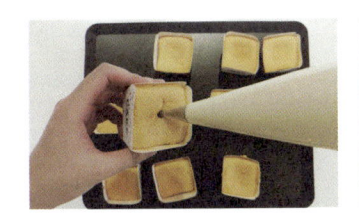

02

由蛋糕中間插入灌餡，可旋轉蛋糕杯體使其均勻，至表面微微鼓起。

03

將爆出的鮮奶油刮去後，撒上薄薄一層防潮糖粉，即完成。

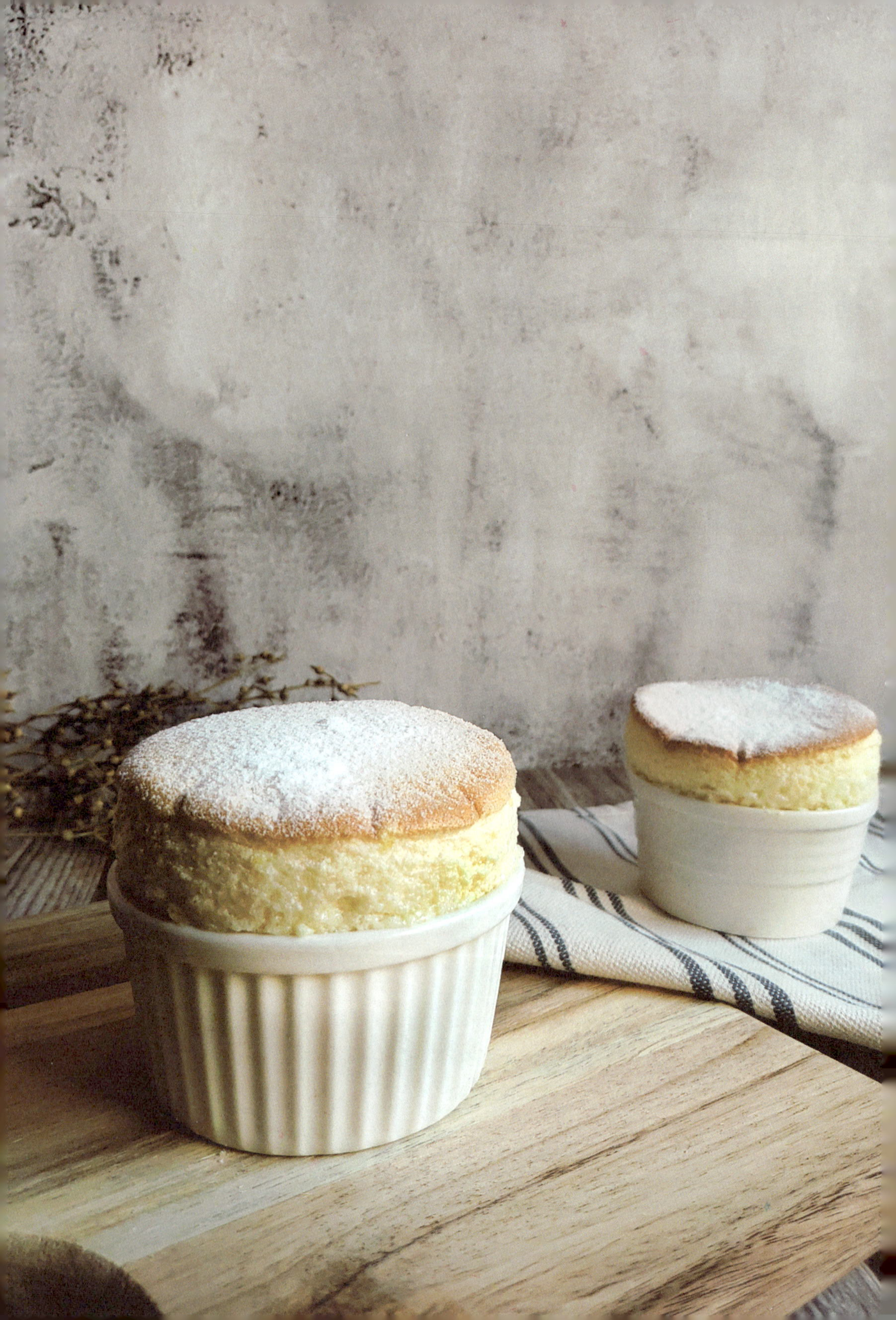

香草舒芙蕾

舒芙蕾是一道來自法國的點心，法文Soufflé有「鼓起來、膨脹」的意思，深刻的描繪舒芙蕾在烤箱裡烘烤時的模樣。舒芙蕾口感輕盈，一觸舌尖就立即融化在口中，非常輕爽，它不會等你拍照打卡、慢慢享用，一轉眼的時間，舒芙蕾原來可愛的澎度就會漸漸消下去……是不是像極了愛情，因為當下的不珍惜而容易失去呢？

烤箱預熱：200／180℃　　烘烤時間：20分鐘

工具

底部直徑6.5cm／高4.2cm的陶瓷烤模3個

事前準備

1. 模具塗上軟化奶油（份量外，無鹽奶油事先室溫軟化），並在模具內撒上細砂糖，轉一圈，抖掉多餘的糖。
2. 烤箱預熱200／180℃

材料

蛋黃	2個（約30g）
蛋白	2個（約60g）
細砂糖	少許（模具內使用）
細砂糖	10g（入蛋黃）
細砂糖	20g（入蛋白）
低筋麵粉	15g
牛奶	100g
香草精	3g

裝飾

防潮糖粉　　　　　　　適量

做·法 METHOD

事前準備

> **Tips**
> 抖掉模具內多餘的砂糖,這是讓糕體能順利往上膨脹的關鍵之一,很重要唷!

模具塗上軟化奶油,並在模具內撒上細砂糖,轉一圈,抖掉多餘的糖。

作法

01
蛋黃加入糖混勻,再加入過篩低筋麵粉混勻。

02
牛奶以小火加熱至冒熱氣,邊緣有小泡泡後離火,分次倒入蛋黃糊中攪拌均勻。

03
將拌勻的牛奶蛋黃糊過篩,倒回煮牛奶的鍋子。開最小火,打蛋器不停畫圈至濃稠、還會低落的狀態後離火,倒入另一乾淨鍋中,用刮刀抹開降溫。

04
加入香草精混勻,蓋上保鮮膜備用。(即「卡士達」醬)

05

蛋白先以低速打至粗泡泡,加入1/3的細砂糖,繼續打發至泡泡再次變細之後,再加入1/2的細砂糖,打發至有紋路後,加入剩餘所有細砂糖繼續打發。

Tips
最後一次加入細砂糖打發時,只需打至蛋白呈現垂落的小彎勾(濕性發泡)即可。

06

先取1/3的蛋白霜加入作法4的卡士達醬中,用刮刀翻拌均勻,再將全部的蛋黃糊倒入蛋白霜中,輕柔又快速的翻拌均勻。

Tips

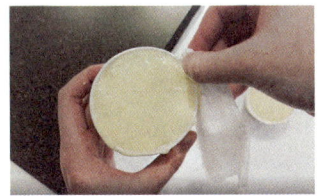

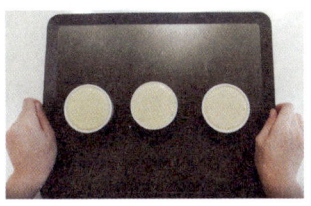

擦掉多餘麵糊這個動作，這樣可讓舒芙蕾在烘烤的過程中，順利垂直膨脹升起。

07

將完成的麵糊倒入模具中，先倒一半輕摔均勻，再將剩餘麵糊平均倒入整個模具，並以小抹刀輕輕將麵糊抹平，再用餐巾紙沿著杯緣擦一圈，擦掉多餘的麵糊。馬上送入預熱好的烤箱，中層，烘烤15~20分鐘。

08

看見蛋糕升起約一倍的高度、表面上色即可取出。在表面撒上防潮糖粉，就可以趁熱享用囉！

香草舒芙蕾

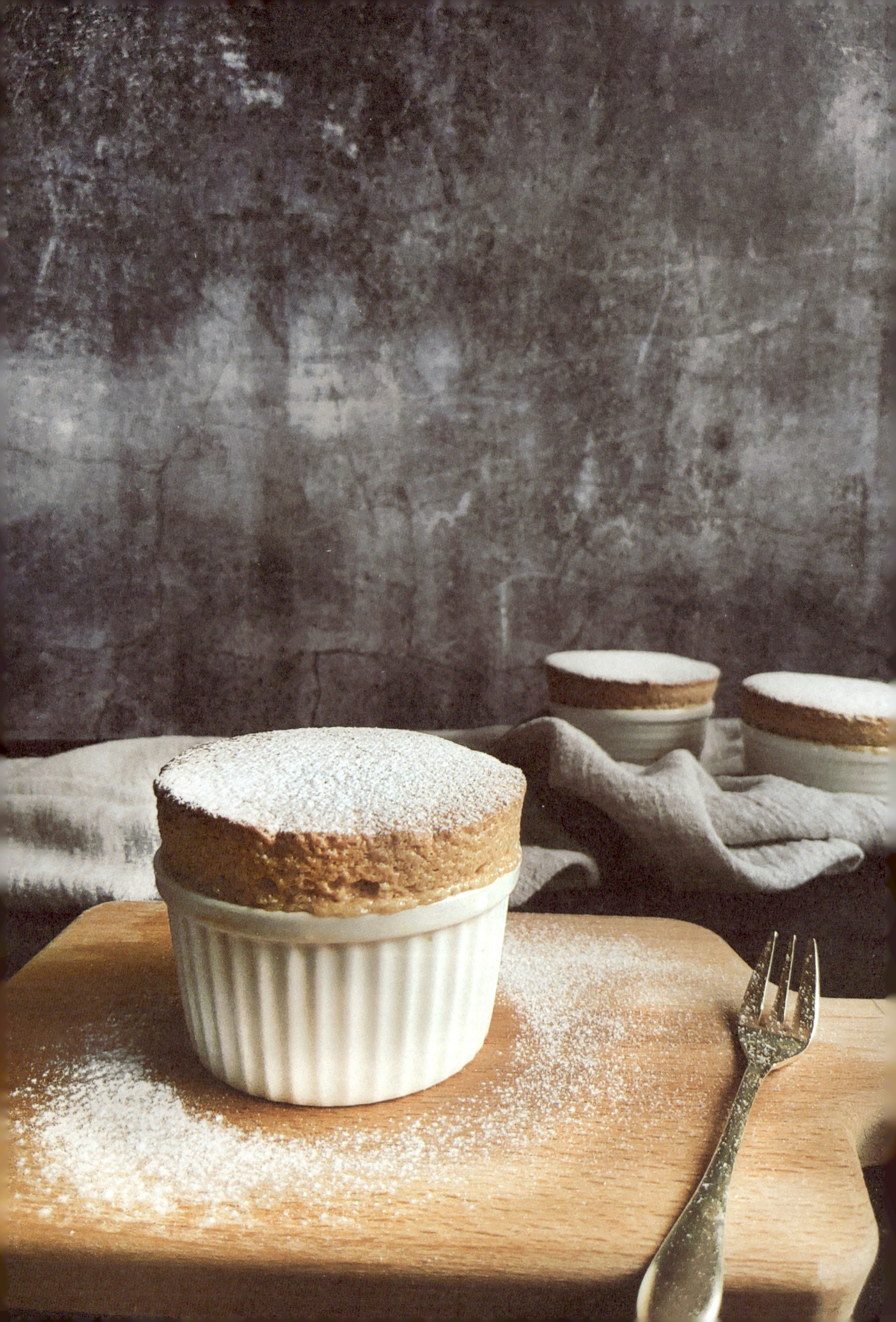

焦糖舒芙蕾

焦糖口味的舒芙蕾添加了自製的焦糖醬，相比原味單純的品嚐蛋香，又多了一份苦甜的風味；不僅中和了原來的甜，在味蕾層次上也是豐富了許多。雖說它是五分鐘甜點，在出爐後的五分鐘之內會迅速塌陷，但其實冷藏也是別有一番風味！和熱呼呼的吃相比，焦糖味會更明顯些，口感也更像蛋糕一點呢！

烤箱預熱：190／180℃　　烘烤時間：15分鐘

工具

底部直徑6.5cm／高4.2cm的陶瓷烤模3-4個

準備工作

1. 將軟化無鹽奶油（份量外）均勻、垂直刷在模具內壁。
2. 將細砂糖均勻鋪在模具內，抖掉多餘的細砂糖，能繼續鋪下一個。
3. 烤箱預熱190/180℃

材料

蛋糕體

蛋黃	2顆（約30g）
蛋白	2顆（約60g）
細砂糖	10g（蛋黃用）
細砂糖	20g（蛋白用）
低筋麵粉	15g
鮮奶	100g
焦糖醬	70g

焦糖醬

細砂糖	100g
飲用水	30g
動物性鮮奶油	100g

模具處理

軟化無鹽奶油	適量
細砂糖	適量

裝飾

糖粉	適量

作・法 METHOD

事前準備

01
將軟化無鹽奶油（份量外）均勻、垂直刷在模具內壁。

TIPS
垂直刷是為了幫助舒芙蕾烘烤時能更好的垂直生長。

02
將細砂糖均勻鋪在模具內，抖掉多餘的細砂糖，能繼續鋪下一個。

TIPS
在鋪完最後一個模具後，抖落下來剩餘的細砂糖，能秤在蛋黃用的10g細砂糖中，就不會浪費。

焦糖醬

> 💡 **TIPS**
> 01 煮焦糖需要專心顧火，看到琥珀色就要馬上關火，否則一眨眼的時間，焦糖可能就會太苦囉！
> 02 在煮焦糖時不可攪拌，否則會使糖結晶翻砂，只能搖晃鍋子使糖均勻受熱。

01
鮮奶油隔水或微波加熱。鍋內倒入細砂糖，加入水，開中小火煮至琥珀色關火。

> 💡 **TIPS**
> 焦糖醬這時會漲高冒大量熱氣，要特別小心，以防被燙傷。

02
迅速沖入加熱過的鮮奶油，攪拌均勻。

> 💡 **TIPS**
> 鍋子裡殘留的焦糖，不要丟棄，可以倒些鮮奶進去，開火重新煮滾，就是好喝的焦糖奶茶唷；鍋子不需要特別刷，也會很乾淨很好清洗。

03
將做好的焦糖醬倒入碗中放涼備用。

焦糖舒芙蕾

焦糖舒芙蕾

01
蛋黃加入細砂糖攪拌均勻。

02
低筋麵粉過篩加入攪拌均勻。

03
取另外一鍋倒入牛奶,小火煮至鍋邊冒小泡泡後,離火,沖入蛋黃糊中一邊快速攪拌。

04
倒回奶鍋中,開小火一邊攪拌至卡士達醬濃稠,並且掛在打蛋器上不低落即可離火

TIPS
攪拌卡士達醬的過程中,若發現有結塊,可以暫時離火攪拌,重新恢復順滑後,繼續煮至理想狀態即可。

05

在蛋黃糊中秤入70g的焦糖醬,攪拌均勻,倒入冷的鍋子中,蓋上保鮮膜冷卻備用。

TIPS
在打發蛋白時,千萬不能打太發,可能會造成烘烤時表面開裂。

06

全程低速打發蛋白,打至粗泡後,加入1/3細砂糖至泡泡變細膩後,再加入1/3,看見紋路後,將剩餘的1/3細砂糖全部加入,打發至濕性發泡(小彎鉤)狀態。

07

先將1/3的蛋白霜加入焦糖卡士達醬中拌勻,再加入1/3蛋白霜拌勻,最後全部倒回蛋白霜中翻拌均勻。

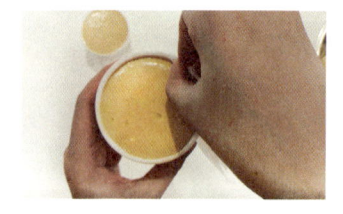

08

將麵糊倒入烤模中,震幾下使之平整,再用小抹刀刮平表面。使用廚房紙巾或手指,將邊緣多餘的麵糊擦拭乾淨,製造一道深溝。

TIPS

邊緣擦乾淨是之後舒芙蕾能不能垂直往上生長的關鍵!

09

放入預熱好的烤箱，中層或中下層，烘烤15-20分，至麵糊長高，表面上色即可出爐。

TIPS

在烘烤時若發現麵糊長高呈現外擴狀態，有可能是舒芙蕾離上熱管太近，沒有空間能垂直往上生長。若烤箱沒有中層，可以改用深烤盤倒著將其放在下層烘烤。

10

撒上糖粉裝飾後，即可拍照享用。

焦糖舒芙蕾 093

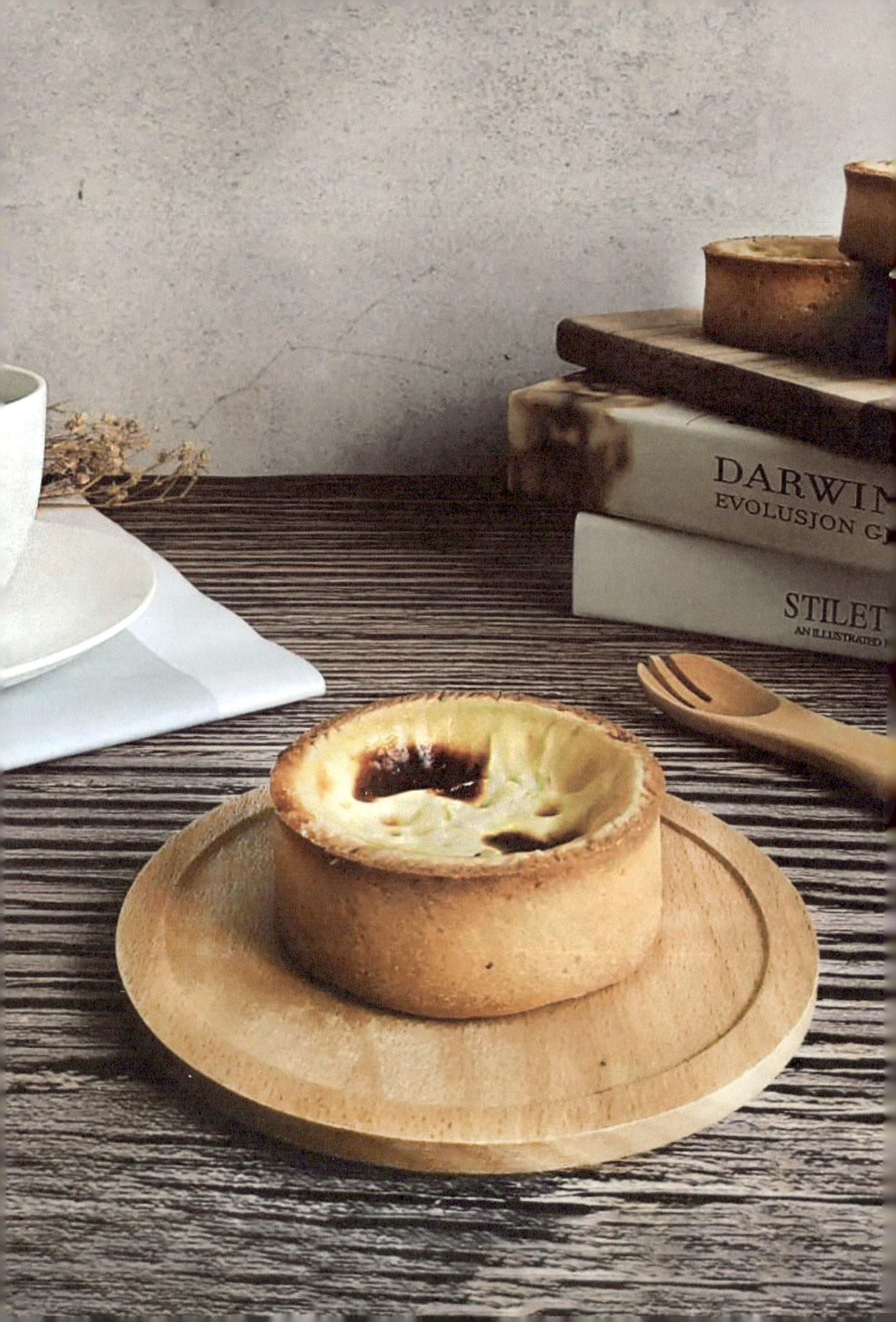
EVOLUSJON
STILET

德式布丁

德式布丁塔有著酥脆的餅乾外皮，搭配香醇滑順的蛋液，是我最愛的點心之一！德式布丁不同於傳統台式蛋塔，在蛋液中加入了些許奶油乳酪與蘭姆酒，增添香氣與風味；也因為加入鮮奶油的關係，讓內餡在口感上更加濃厚順口！

烤箱預熱：200／170℃　　烘烤時間：28分鐘

工具

直徑7cm的圓形塔模10個

事前準備

塔皮

1. 無鹽奶油放室溫軟化。
2. 全蛋液取出退冰，回復室溫。

材料

塔皮

無鹽奶油	85g
糖粉	75g
鹽	5g
全蛋	45g
低筋麵粉	175g
高筋麵粉	25g

內餡

creamcheese	50g
鮮奶	160g
細砂糖	30g
蛋黃	80g
香草精	1/2小匙
動物性鮮奶油	200g
蘭姆酒	8g

做·法 METHOD

塔皮

01
將糖粉過篩,將鹽加入軟化奶油中,連同過篩糖粉一起攪打均勻。

02
分次加入全蛋液攪打均勻。

03
將低筋麵粉、高筋麵粉一同過篩加入,改用刮刀拌勻。

04
用保鮮膜將麵團包起,冷藏至少4小時。

05

將麵糰取出，分割成45g／個。

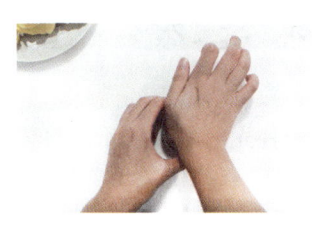

06

麵糰搓圓放入模中稍微壓扁，蓋上一層保鮮膜後，使用壓塔棒平均施力，使麵糰均勻跑上周圍。

07

撕開保鮮膜，用硬刮板將多餘的麵皮刮掉，再用叉子，將麵皮插滿氣孔，放入冰箱冷藏備用。

TIPS

刮除的麵皮，還可蒐集起來再壓一個。

德式布丁 097

塔皮

01
將creamcheese隔水加熱至軟化。

02
加入鮮奶、細砂糖，攪拌均勻，至糖融化後離火。

03
依序加入鮮奶油、蛋黃、蘭姆酒和香草精攪拌均勻。

04

將麵糊過篩,從冰箱取出備用塔皮,平均倒入塔模中約9分滿。

05

放入預熱好的烤箱中,200/170℃中層,烘烤28分鐘,至表面焦黃上色。

TIPS
若使用的烤箱是「烘王」,可以將上均勻板拆掉,較易烤上色。

06

完成的塔放涼約5-7分鐘,再倒扣脫模。

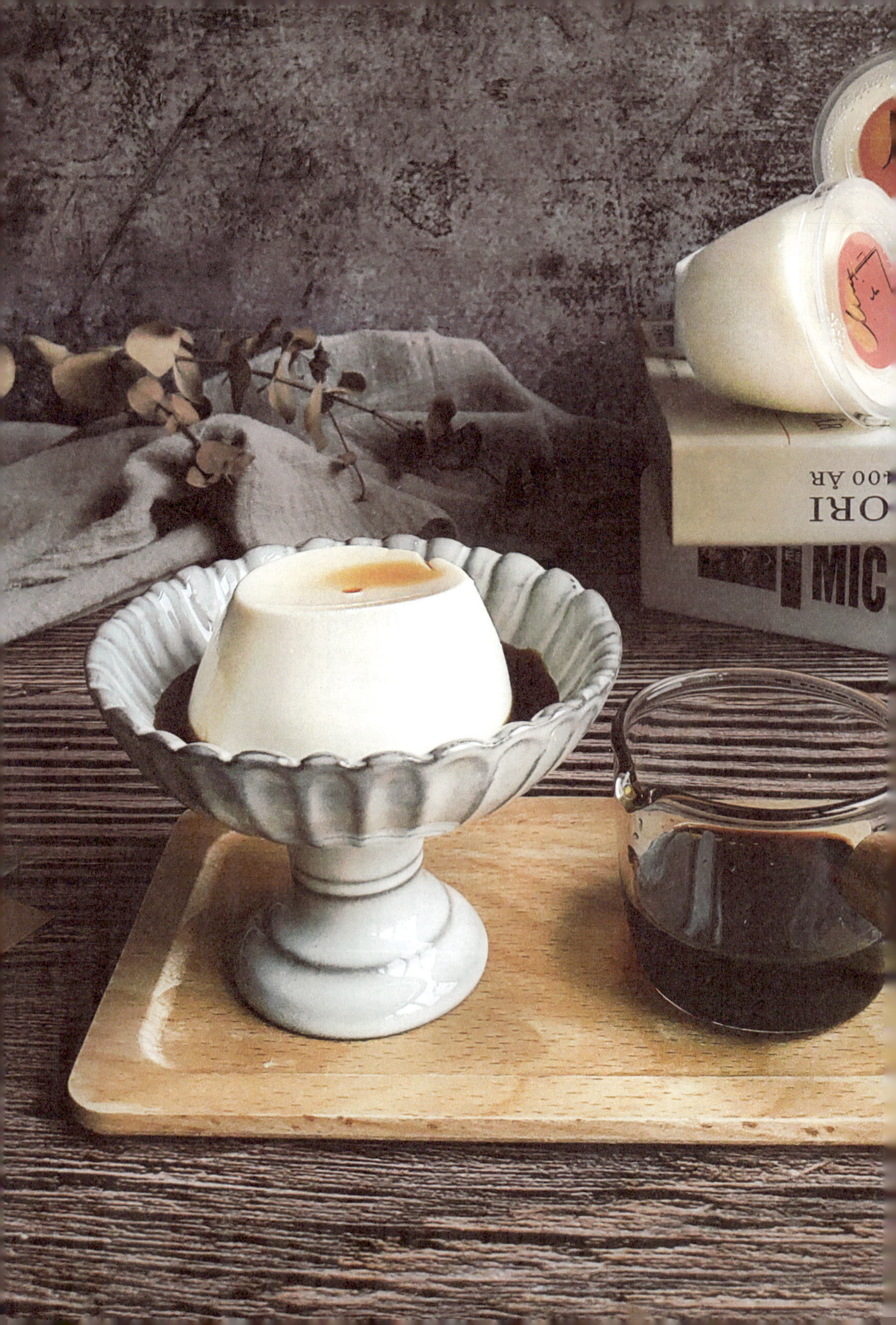
MIC

焦糖奶酪

濃郁奶香的奶酪,搭配微苦的焦糖醬,帶給味蕾豐富的雙層享受。食譜採用鮮奶油和牛奶混搭的方式,讓奶酪吃得到奶香,同時在嘴裡化開後,還是清爽的。在家用簡單做法就能吃到的甜點,一定要試試看!

工具

食譜份量

100ml塑膠布丁杯 5杯
(可自行依杯數比例增減食材量)

材料

焦糖醬

細砂糖	60g
冷水	30g
熱水	60g

奶酪

鮮奶油	200g
牛奶	200g
細砂糖	20g
香草精	4g
吉利丁片	4g

作法 METHOD

焦糖醬

01
細砂糖與冷水混合，開中小火加熱，中間時不時可以輕晃鍋子受熱均勻。
（加熱過程中，輕晃即可，不能攪拌，會讓糖反砂無法融化！）

02
看見開始有焦糖色出現，轉小火一邊輕晃鍋子，至顏色轉琥珀色後關火，沖入熱水。

TIPS
01 開始要沖入熱水時，水要慢慢加，加太快，焦糖會往上噴濺，務必小心！
02 如有糖結塊，再開火將糖煮融，即可將焦糖醬倒出備用。

奶酪

01
將吉利丁片泡入冰塊水中備用。

02
將鮮奶油、牛奶分別倒入鍋中,加入細砂糖及香草精攪拌均勻。

03
開中小火加熱,中間不停慢慢攪拌避免燒焦,至牛奶有熱氣冒出,關火。

04
將泡軟的吉利丁片水分擠乾,加入牛奶中攪拌均勻。

組合

05
將奶酪液過篩,倒入杯中,放入冰箱冷藏 4-6 小時,至奶酪凝固即可。

奶酪從冰箱取出後,淋上適量焦糖醬,即完成。

Much-Afraid
ation, she knelt
ff and built her
cried, "I thank
hold me, here I
ve, but waiting
brim with the
e picked up a
tal which was
ropped it be-
in the little

英式司康

司康不僅是英式下午茶中少不了的點心，在台灣也有愈來愈多的人喜歡這款點心，口味不僅多樣化，專賣店也隨處可見。

正統的英式司康，風味純樸，使用的配料較少，通常會搭配濃郁的凝脂奶油與果醬一同食用，2種抹醬的搭配，為司康增添了更有層次的風味，也讓原來乾口的司康，口感上變得更濕潤些。司康的做法非常簡單，一點都不費力，無論是當成早餐或下午茶都非常適合唷！

烤箱預熱：190／170℃　　烘烤時間：20分鐘

工具

直徑5cm圓形切模

準備工作

1. 奶油事先切小塊，連同鋼盆一起冷藏備用。
2. 烤箱預熱190／170℃。

材料（約12顆份量）

司康

中筋麵粉	210g
細砂糖	40g
鹽	一小搓
無鋁泡打粉	8g
無鹽奶油	55g
冰牛奶	85ml
冰蛋液	28g

表面上色

全蛋液	適量

作法 METHOD

01
將中筋麵粉與泡打粉混合過篩，加入冰凍的奶油中。

02
加入糖、鹽，使用手指將奶油搓小塊；差不多成小塊後，可用掌心搓細，至奶油與麵粉成砂礫狀，放入冷藏約5-10分鐘。

Tips

搓奶油塊時，一定要特別注意，奶油塊一定要包裹一層麵粉，再與手指接觸，避免手的溫度過高造成奶油融化。

03

將從冰箱拿出的砂礫狀麵粉,加入蛋液與一半的牛奶,使用叉子混拌均勻,慢慢加入剩餘牛奶,揉至大致成團微濕潤即可,不須過度拌勻或揉捏。

Tips
01 所有液體材料都必須是冰的,避免奶油融化。
02 麵團若太濕,會影響司康膨脹,所以一旦麵團可以成團,牛奶就不須全部加完。另外,拌勻的動作在後面可用手幫忙混勻,手法是抓捏,將粉粒壓進麵團中,切勿搓揉或折疊,以免產生筋度!

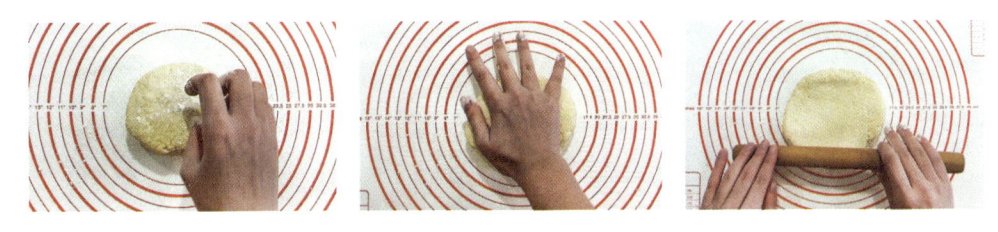

04

在桌面上撒點手粉,放上麵團,表面也灑點手粉避免沾黏,**擀麵棍擀**壓成厚度約2.5cm厚片。

05
切模沾手粉，壓成厚圓片，取出放至烤盤上。切完的麵團，水平聚攏，重新擀壓切片。

Tips
壓模壓下時必須直上直下，切勿左右旋轉取出，以免破壞周圍層次。

06
表面均勻塗上蛋液，送進預熱好的烤箱，烘烤20分鐘，至表面呈金黃色，膨脹至2倍高即可取出，於晾架上放涼。

Tips
塗抹蛋黃液塗在表面上即可，不要塗到周圍，才不會影響司康的層次。

英式司康

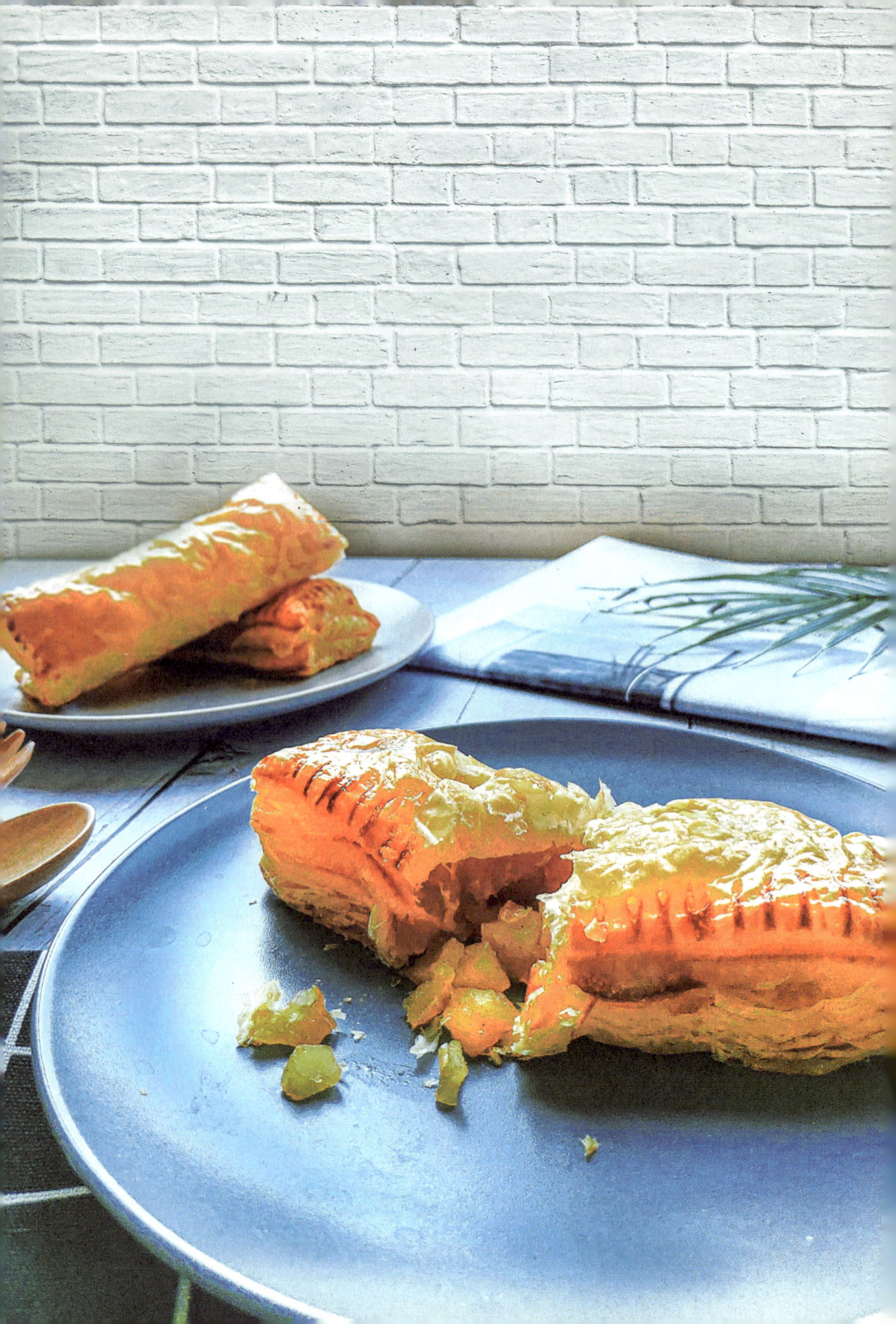

香酥蘋果派

說到蘋果派，我想很多人第一時間想到的，應該是速食店最經典的那一款吧！酥香的千層外皮，搭配上酸甜的蘋果內餡，在下午茶時間來上一塊，絕對是愜意又滿足的享受。利用市售起酥皮就能輕鬆完成的美味，是家中常常登場的一道點心之一。

烤箱預熱：200℃　　烘烤時間：20分鐘

事前準備

1. 起酥皮退冰軟化備用。
2. 烤箱預熱200℃

材料（可做6個）

材料	份量
市售起酥皮	6張
蘋果丁	300g
細砂糖	40g
無鹽奶油	40g
肉桂粉	1/4小匙（可不加）
全蛋液	適量

作法 METHOD

01
細砂糖放入鍋中,小火煮至金黃色。

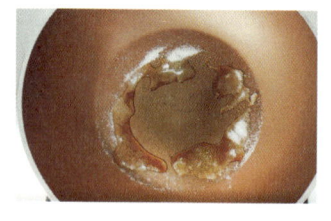

Tips
煮細砂糖時,切勿攪拌,容易反砂結晶。

02
拌入蘋果丁,翻炒約5分鐘,直到變透明。

Tips
放蘋果下去翻炒時,糖會結塊是正常的情況,繼續拌炒至重新融化即可。

03
加入奶油,炒至水分稍微收乾。

04

起鍋前加入肉桂粉,翻炒拌勻,關火放涼備用。

組合

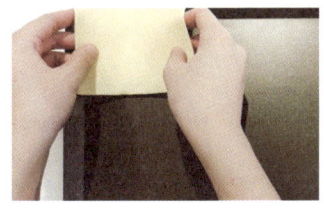

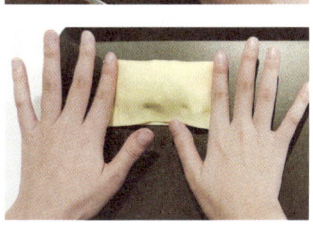

01

放涼餡料置於酥皮1/2處,邊緣刷蛋液對折黏起。

Tips

將餡料置於酥皮時,邊緣不要碰到餡料,避免黏不起來。

02
用叉子在邊緣壓上痕跡,一定要壓緊,避免烘烤時爆開。

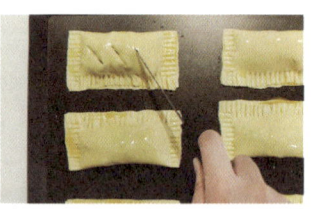

03
表面刷上蛋液,用刀子劃幾痕。

04
放入烤箱,中層,烘烤20分至金黃色即完成。(蘋果派剛出爐熱熱吃最好吃,但內餡非常燙,要小心唷!)

香酥蘋果派 115

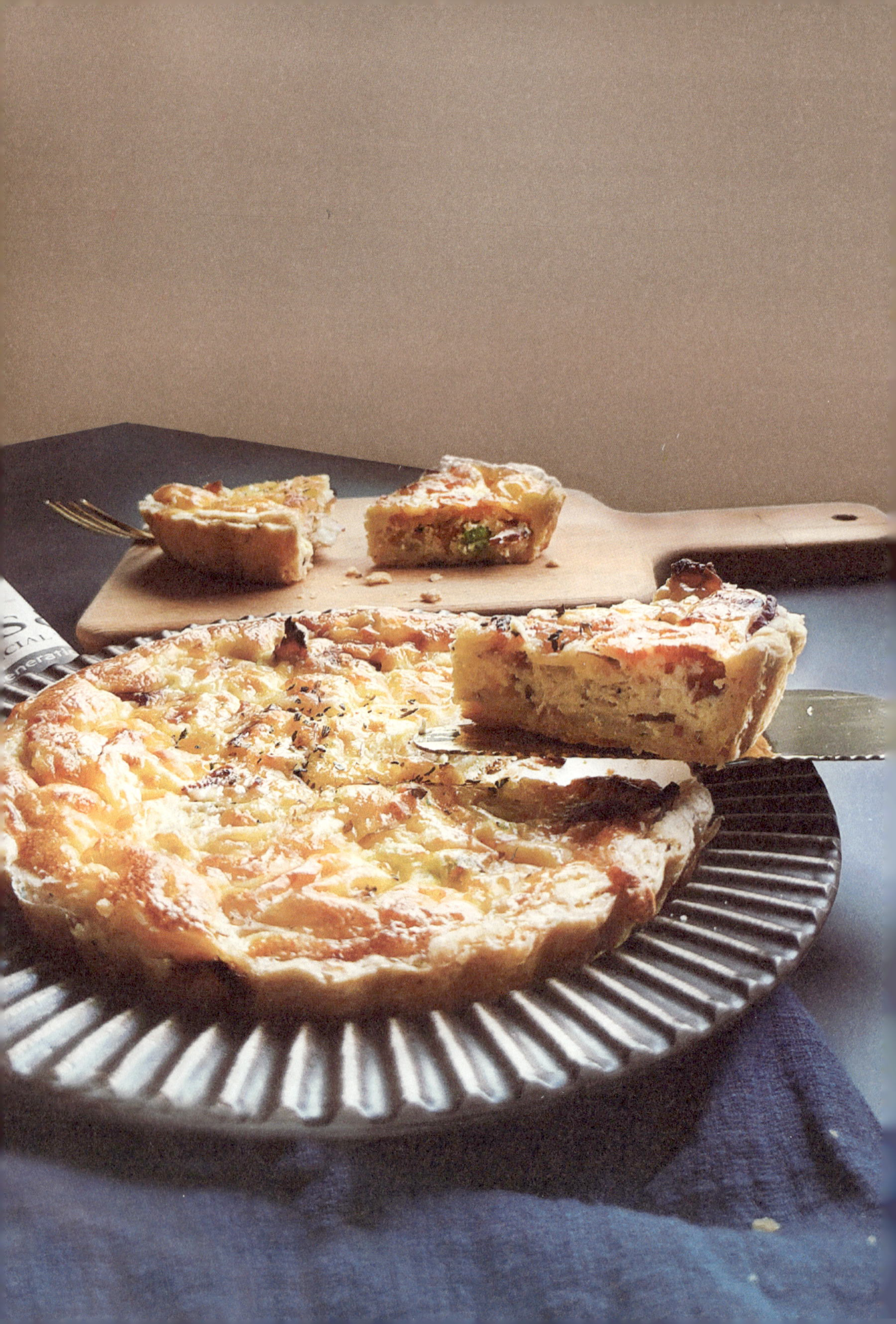

起司培根派

吃了這麼多款甜點，想換個迥然不同的口味嗎？那就來點鹹派吧！在酥脆的派皮中，填入香滑濃郁的乳酪蛋奶液，及豐盛又香氣十足的內餡搭配，絕對會讓你愛不釋手的一口接一口。

烤箱預熱：200℃／180℃　　烘烤時間：38分鐘

工具

6吋派盤2個

事前準備

1. 奶油事先秤重，切小塊後，加入過篩的低筋麵粉一起冰回冷藏，讓食材都保持低溫。

材料

派皮

冰無鹽奶油	75g
低筋麵粉	125g
鹽	1g
黑胡椒粉	1g
蛋黃	10g（1顆）
冰水	30g

內餡

培根	80g
洋蔥	80g
三色蔬菜	20g
鹽	0.5g
黑胡椒粉	0.5g
全蛋	95～100g（約2顆）
牛奶	75g
Creamcheese	75g
動物性鮮奶油	75g
起司絲	適量
義式香料	適量

作法 METHOD

派皮

> **Tips**
> 無鹽奶油必須保持低溫，以避免軟化使粉吸收油脂融合在一起，會影響後續派皮的層次感。

01
將冰的無鹽奶油與低筋麵粉加入鹽＆黑胡椒粉，用雙手搓成小顆粒。

> **Tips**
> 切記不要搓揉麵團，這裡只需要用手捏合到讓麵團不會散開就好，若搓揉的太均勻，之後烘烤容易回縮。

02
加入蛋黃、冰水捏合，讓麵團聚合即可。

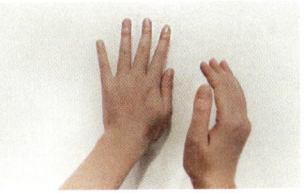

03

麵團平均分割成2份，分別用保鮮膜包起來，壓成圓餅狀，放入冰箱冷藏1小時以上。

04

冷藏好的麵糰取出，擀壓成厚度約0.3cm的圓片入模。

TIPS

麵團技巧：

擀壓麵團時，可先在桌面上和麵團上都撒上些許高筋麵粉防沾（少量多次的補）。一開始可先用擀麵棍壓一個米字軟化麵團，再來每一個方向都擀兩下，轉15度再擀兩下，麵團盡量保持圓形較好入模，途中要不時地用刮板鈔一下底部確認沒有沾黏＆適時補點高筋麵粉。待麵片擀至超過模具約3cm的大小時，輕輕用擀麵棍捲起，將底部朝上放入模具中，雙手捏壓使麵團貼合模具，再用硬刮板切除多餘麵團。若有缺角，拿剩下的麵團補上再切齊即可。

05

放入冰箱冷藏備用。

內餡

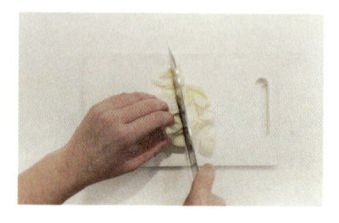

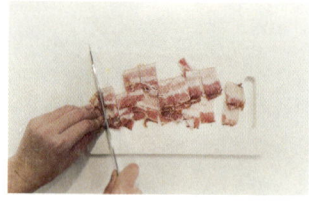

01

將培根&洋蔥切丁,培根先下鍋煸出油脂,再放入洋蔥炒香。

02

加入鹽、黑胡椒粉、冷凍蔬菜拌炒均勻,起鍋冷卻備用。

03

取一鍋,將牛奶、creamcheese小火加熱,一邊攪拌均勻至軟化。

04

另取一鍋,將全蛋&鮮奶油拌勻,再加入軟化的起士糊混勻並過篩。

組合

01
取出整形好的派皮,將餡料平均鋪在派皮上,淋入蛋奶液,撒上起司絲。

02
送入預熱好的烤箱中,200/180℃,中層,烤33分鐘;再將烤盤轉向,調整上火至180℃,續烤5分鐘至表面金黃上色。

03
出爐時,趁熱撒上義式香料,置於晾架上放涼,脫模。

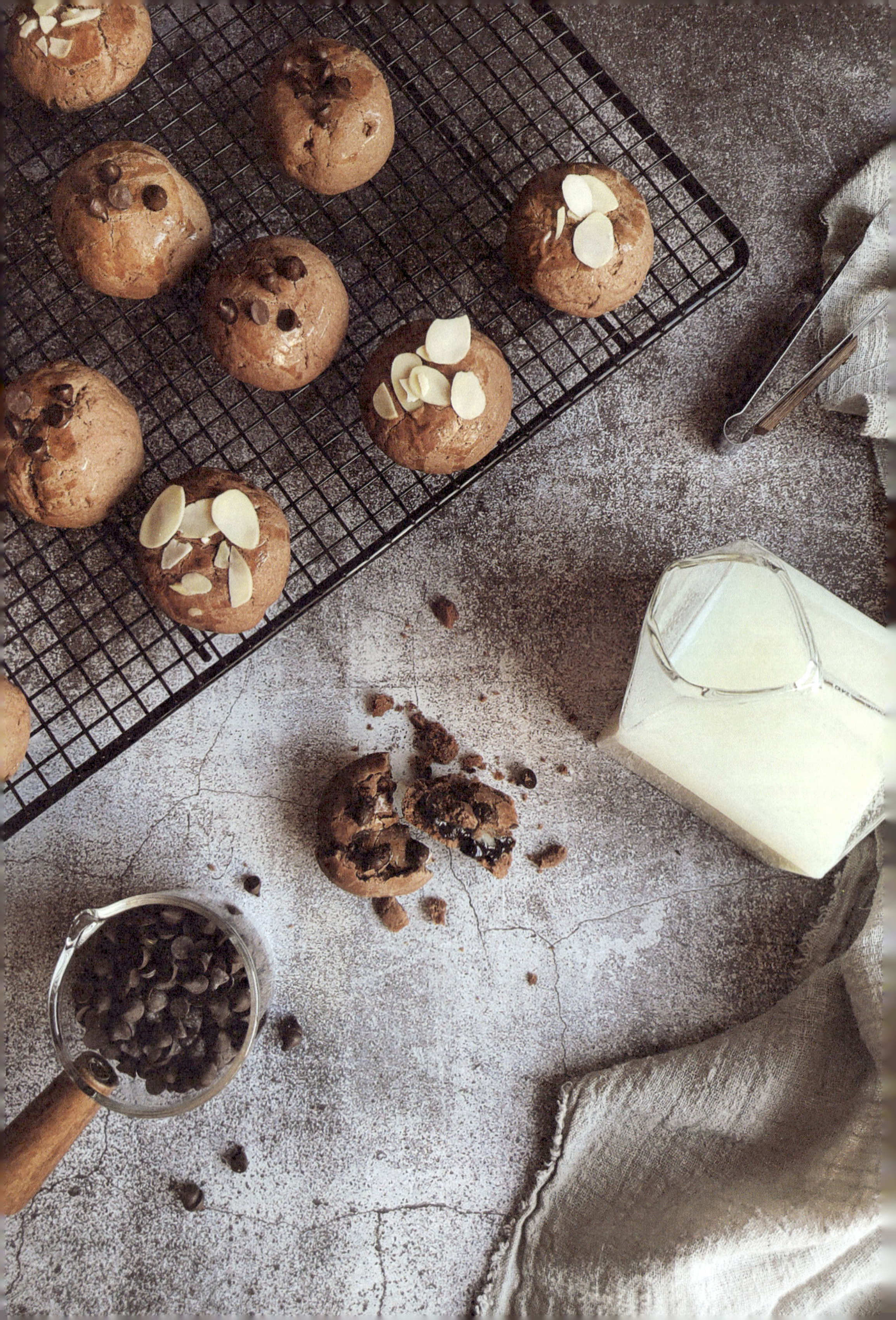

巧克力麻糬 QQ 餅乾

還記得第一次做這款餅乾,就被麻糬的牽絲給驚豔!和一般脆口的餅乾相比,其外層口感酥軟像美式軟餅乾,中間內層的麻糬口感Q彈不黏牙,配上已融化的巧克力豆,在嘴裡完美結合出不同的口感驚喜!

烤箱預熱:170／170℃　　烘烤時間:17分鐘

事前準備

1. 餅乾部分的無鹽奶油先取出室溫軟化。
2. 全蛋液秤好份量回溫。

材料(製作數量15個)

餅乾

無鹽奶油	60g
糖粉	40g
鹽	適量
全蛋液	20g
鮮奶油	65g
低筋麵粉	170g
可可粉	10g
泡打粉	1g
巧克力豆	適量

麻糬

糯米粉	40g
玉米粉	25g
牛奶	100g
細砂糖	12g
無鹽奶油	10g

裝飾

杏仁片或巧克力豆	適量
全蛋液	適量

作法 METHOD

餅乾

01
將無鹽奶油打至順滑。糖粉過篩,將鹽加入,一起打發至微微泛白。

02
分次加入全蛋液,再攪打均勻。

03
分次加入鮮奶油,攪打均勻。

04
將低筋麵粉、可可粉、泡打粉、加在一起,過篩加入。

05
使用刮刀拌勻。完成後,以保鮮膜包起,進冰箱冷藏1小時。

麻糬

01
將糯米粉、玉米粉、細砂糖混勻。

02
加入牛奶攪拌均勻並過篩。

03
蒸15分鐘,取出,放入無鹽奶油攪拌。

04
待稍微不燙手後,戴手套將奶油揉進麻糬中,搓揉至Q彈後待用。

組合

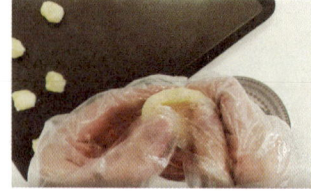

01
將麻糬分成10g／個,再取適量巧克力豆包入麻糬中搓圓。

Tips
處理麻糬時,戴上手套較不會黏手。

02
將餅乾麵團分為20g／個,包入麻糬收口。

03

刷上蛋液,放上杏仁片或巧克力豆裝飾,再放入預熱好的烤箱,中層,烘烤17分鐘,即完成。

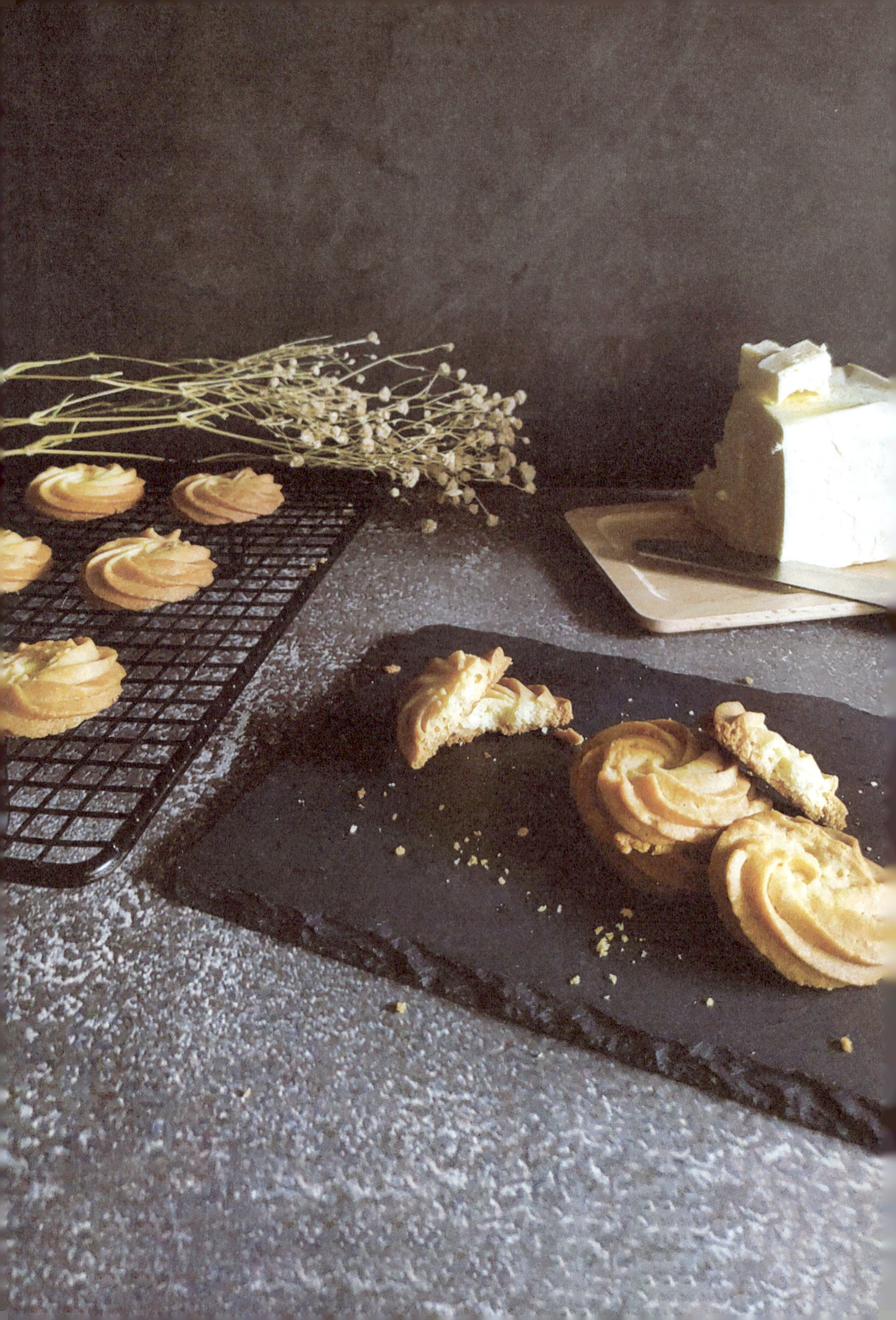

奶油曲奇

在西式的喜餅禮盒裡，常會發現它的蹤跡；也類似香港有名的排隊甜點。餅乾體香香酥酥的口感令許多人喜愛，尤其一口咬進嘴裡，立即釋放出滿滿的奶油香氣，甜度適中，即使單吃也不膩口。

烤箱預熱：180℃／170℃　　烘烤時間：20分鐘

工具

花嘴 型號SN7092

（本次作品使用的花嘴是8齒的圓形銱花嘴，也可以選用自己喜歡的造型唷！）

事前準備

1. 奶油先在室溫軟化至軟膏狀。
2. 蛋黃蛋白事先分離，放在室溫退冰。
3. 花嘴裝入擠花袋中，尾端剪一個小口。
4. 烤箱預熱180／170℃

小叮嚀

若天氣太冷，可先將奶油隔水加熱一下下使其軟化；奶油太硬可是會把擠花袋擠爆的喔！但也不能軟化過頭，最後成品花紋會不明顯。

材料（可做直徑4cm大小的餅乾，約30片）

材料	份量
無鹽奶油	90g
發酵奶油	30g

（只是增加香氣用，亦可全用無鹽奶油）

材料	份量
鹽	1g
糖粉	45g
蛋黃1顆	（約15g）

（用蛋黃的餅乾體是酥鬆口感，也可換成15g全蛋液，成品口感較脆口）

材料	份量
低筋麵粉	130g
香草精	1/4小匙

其他口味怎麼做？

只要在「低筋麵粉」中添加其他口味，就能變化味道囉！
例：
巧克力：可可粉15g／低筋麵粉115g
抹茶：抹茶粉10g／低筋麵粉120g
咖啡：即溶咖啡粉5g／低筋麵粉125g（※如製作上述口味的曲奇，需將「香草精」省略）

作·法 METHOD

01
將軟化的奶油加入鹽,同時將糖粉過篩一起加入奶油中,先稍微拌勻再開攪拌機,打發至微白。

Tips
奶油不能打太發。攪拌機全程開最低速即可,否則紋路會不清晰。另外,攪拌機打的過程中,都要稍停下來刮缸,確保食材均勻混合。

02
加入蛋黃攪打均勻。

03
加入香草精攪打均勻。

04
低筋麵粉過篩,分兩次加入攪拌;改用刮刀,用壓拌的方式,壓至均勻看不見乾粉即可。

05

麵糊裝進擠花袋中，在烤盤上擠出約50元硬幣大小的花紋。

Tips

花嘴要離烤盤有些微距離，擠出來的花紋才會立體好看，不會塌扁！同時，要擠得比理想中的大小再小一些，因為烘烤之後會些微膨脹。

06

送進預熱好的烤箱，中層，烘烤20分鐘至表面呈金黃色。（烘烤溫度不宜太低；高溫有助於幫助奶油快速定型，花紋才不會消失。）

07

烘烤完成後，取出放置在晾架上放涼，即完成。

奶油曲奇 131

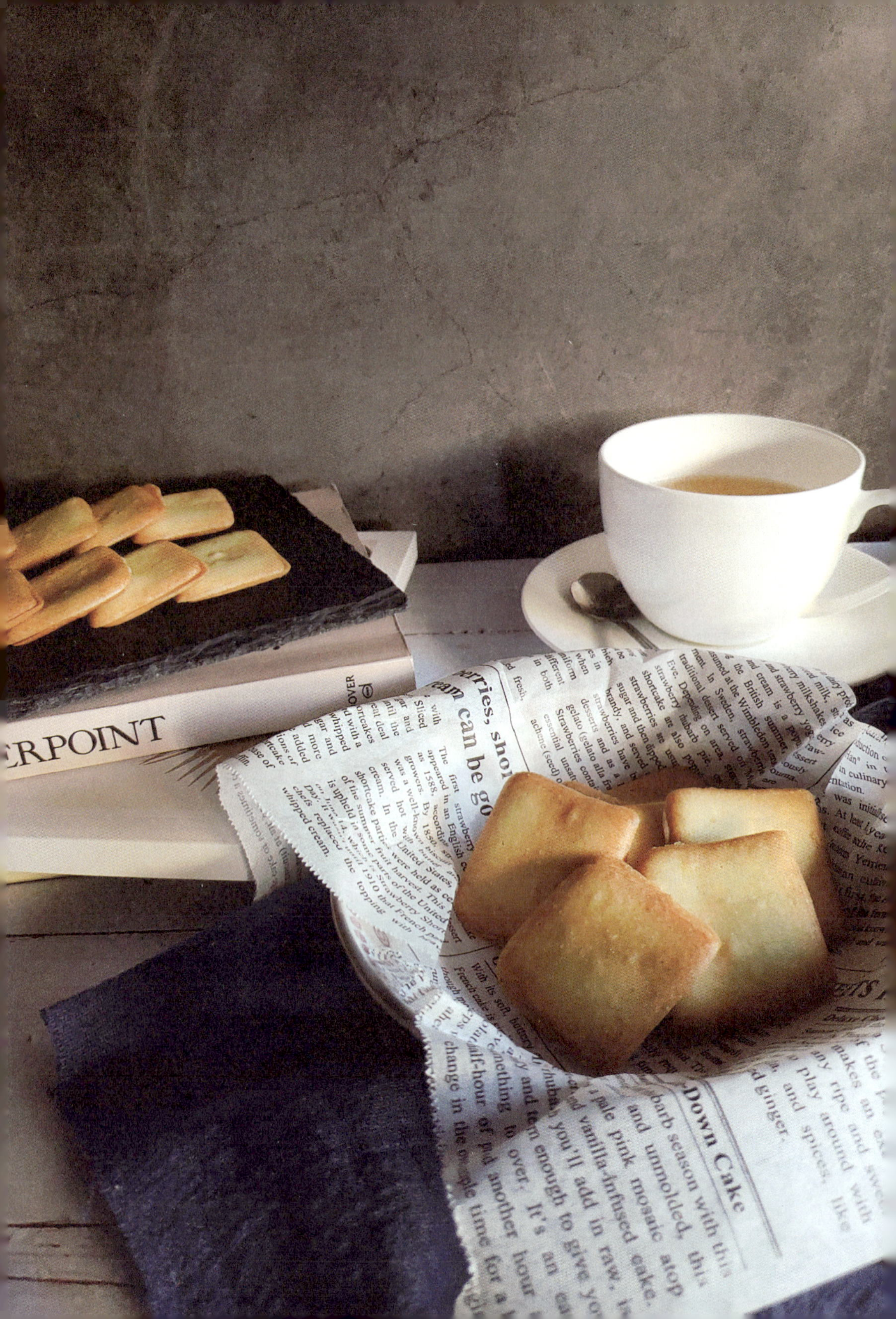
ERPOINT
Down Cake

白色戀人

「白色戀人」是北海道著名的伴手禮之一，外層薄又脆的貓舌餅乾，夾著醇厚的白巧克力夾心，咬進嘴裡，脆口的餅乾與白巧克力入口即化的口感，在口中交織出令人沉醉的味覺享受。懷念它的味道嗎？做法並不難，自己在家動手做做看吧！

烤箱預熱：180／170℃　　烘烤時間：10分鐘

工具

白色戀人4x4cm方形模

事前準備

1. 無鹽奶油預先拿出，放室溫將其軟化。
2. 蛋白事先秤好，並退冰。
3. 烤箱預熱180/170℃。

材料（約可做25片）

餅乾體

無鹽奶油	50g
糖粉	30g
蛋白	35g（約1顆的量）
低筋麵粉	50g
香草精	1/4小匙

內餡

白巧克力	100g

作・法
METHOD

01
將軟化的奶油打軟,加入過篩糖粉攪拌均勻(不需打發)。

02
蛋白分3次加入攪拌均勻。

03
加入香草精攪拌均勻。

04
將過篩的低筋麵粉加入,使用刮刀拌勻。

05
完成的麵糊放入冰箱冷藏15分鐘。

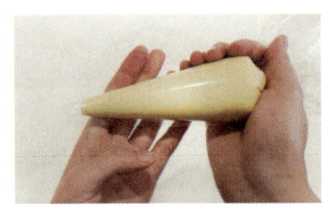

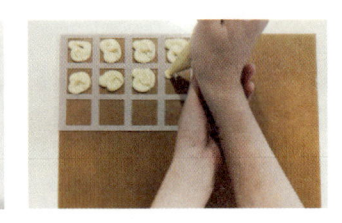

06

於烤盤上鋪烘焙紙，麵糊裝入擠花袋，擠入模具中，再以刮板刮去多餘麵糊。

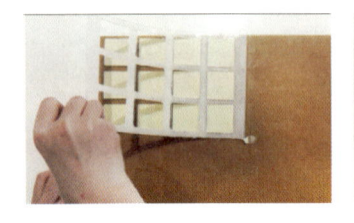

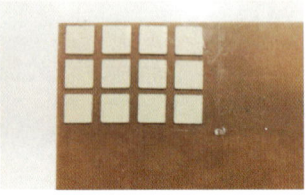

07

小心拿起模具，重複以上動作直到烤盤擺滿。

08

放入烤箱，中層，烘烤5分鐘後，掉頭、續烤5分鐘，至餅乾外圍呈現金黃色即可取出，置於晾架上放涼。

Tips

初次製作時，最好守在烤箱前，因此款餅乾體較薄，容易烤得過於焦黑，雖然風味依舊，但可能會減少美觀度呦！

組合

01
將白巧克力隔水融化。

02
將融化的白巧克力裝入擠花袋中。

03
取一片餅乾,擠入適量白巧克力,再取一片餅乾夾起,待巧克力冷卻凝固及完成。

Tips
凝固完成的餅乾,立即裝盒保存,以免餅乾受潮變軟。

AT THE MOMENT

棋格餅乾

這款餅乾不僅造型可愛，味道上也是非常細膩好吃，一入口就是濃郁的巧克力香，細細品嚐後，味道不會馬上散去，能在口中留下巧克力的尾韻。每每做好分送給朋友們，都能讓他們讚不絕口！

這一款甜點，做法看起來好像很簡單，事實上我花了很長的時間嘗試各種棋盤做法，哪種形狀最工整好看，裡面藏了許多重點與細節，只要跟著步驟做，你也能快速上手喔！

烤箱預熱：180°C　　烘烤時間：17分鐘

事前準備

1. 將無鹽奶油放室溫軟化。
2. 全蛋液秤好重量，退冰。

材料

餅乾體

無鹽奶油	160g
糖粉	100g
全蛋液	50g
香草精	2g
[A] 低筋麵粉	150g
[B] 低筋麵粉	130g
可可粉	20g

黏著

全蛋液	適量

作法 METHOD

Tips
只需拌均勻即可,不需要打發。

01
將軟化奶油稍微攪散,加入過篩糖粉攪拌均勻。

02
分2次加入全蛋液攪拌均勻,並加入香草精攪拌均勻,中途可用刮刀刮邊,再攪拌。

03
用秤將麵糊平均分成2份,其中一份加入過篩的材料〔A〕150g的低筋麵粉(另一份則分別加入過篩的材料〔B〕低筋麵粉＆可可粉),分別用刮刀拌勻至看不見乾粉。

Tips
完成的麵團,建議先將其整成正方形的麵團,後續才較好整形。

04
兩份完成的麵團,包裹保鮮膜,放至冰箱冷藏30分鐘定型。

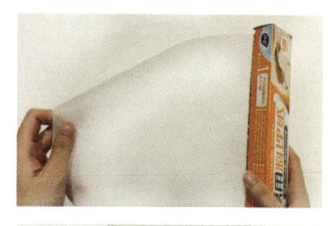

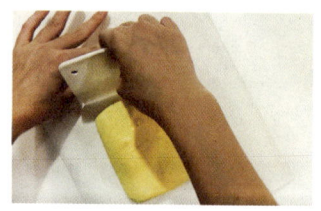

05

桌面鋪上烘焙紙，先放上原味麵團，用擀麵棍和刮板輔助，擀成寬12公分、厚1.5公分的長方形，送入冷藏備用。再取出巧克力麵團，作法同上。

TIPS

01 尺寸必須盡量精確，之後餅乾才會是正方形。

02 擀麵團時，先擀原味再擀巧克力，原味麵團才不會染到巧克力的顏色。

06

取出冷藏的原味麵團，薄刷上一層全蛋液，連著烘焙紙一起拿起巧克力麵團，小心放上，撕下烘焙紙，稍微按壓、擀一下，用刮板再做最後的整形，確認麵團尺寸沒有跑掉，送進冰箱冷凍30分鐘。

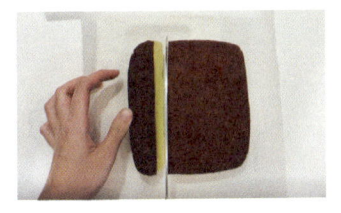

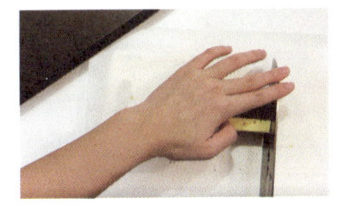

07

將冷凍取出的麵團，從寬面切成4塊，再切對半，取一長條刷上蛋液，顏色交錯放上另一條，切成厚約0.5公分的薄片，放上烤盤。

TIPS
組合後如果發現麵糰有點太軟，可以放回冷凍冰硬一點再切。

08

放進預熱好的烤箱中，180℃，中層，烘烤17分鐘至表面微微上色。

09

出爐後置於晾架上放涼。

棋格餅乾

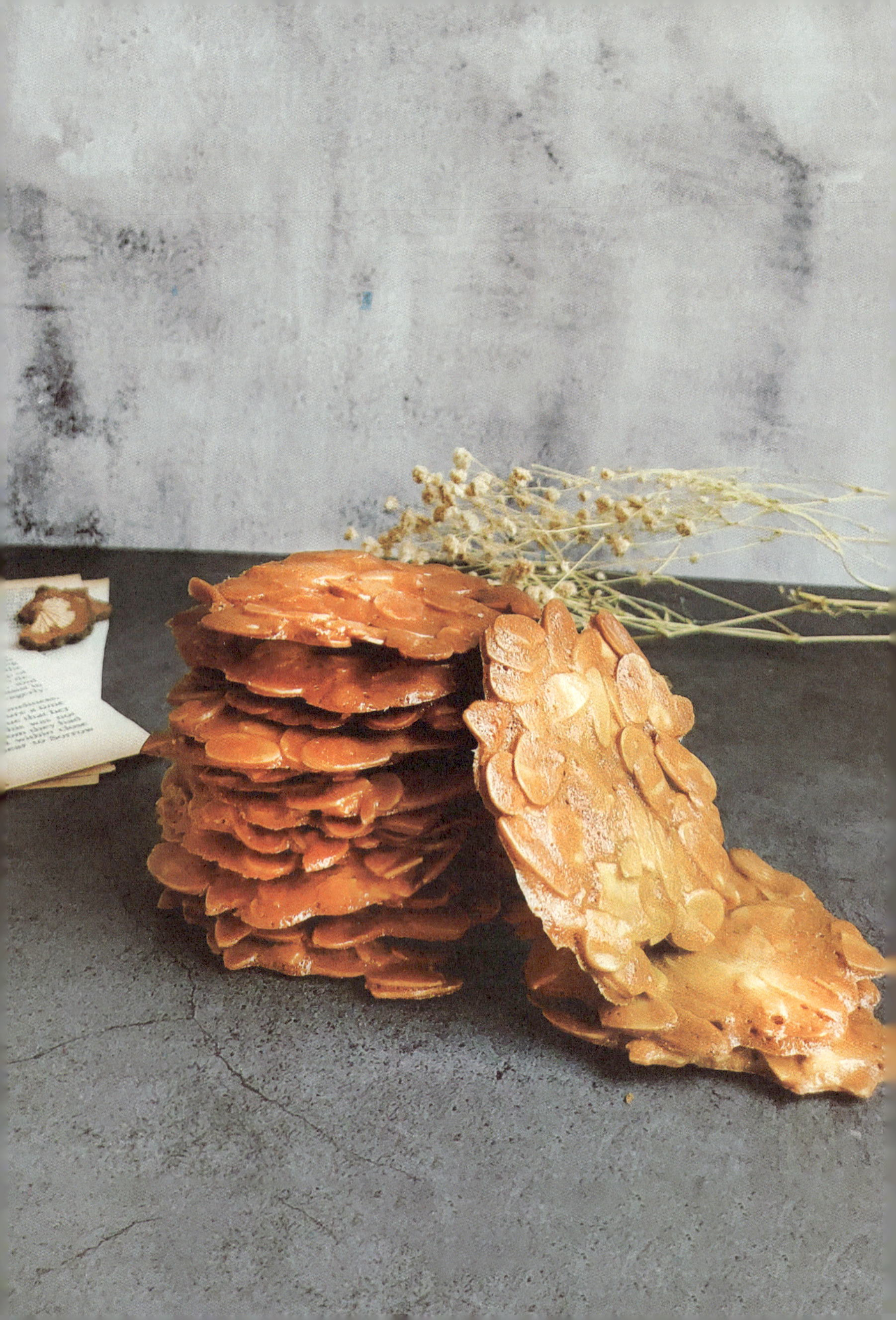

杏仁瓦片

每每走進麵包店，都會順手拿一小袋杏仁瓦片去櫃台結帳，餅乾酥脆而不甜膩的口感，搭配上濃郁的堅果香氣，絕對會欲罷不能的一口接著一口，亦是許多長輩與小孩都會喜愛的小點心。其作法簡單好上手，學會之後，隨時都可以在家裡品嚐到囉！

烤箱預熱：180℃／180℃　　烘烤時間：15分鐘

事前準備

1. 將無鹽奶油隔水融化備用。
2. 烤箱預熱180/180℃。

材料

低筋麵粉	40g
蛋白	70g
細砂糖	60g
無鹽奶油	30g
杏仁片	130g

（亦可改用南瓜子，就變成南瓜子瓦片，也很好吃。）

作·法 METHOD

事前準備

將無鹽奶油隔水融化備用。

杏仁瓦片

01
蛋白加入細砂糖,用打蛋器攪拌均勻。

02
低筋麵粉過篩,加入攪拌均勻。

03
加入事先已融化的無鹽奶油攪拌均勻。

04
倒入杏仁片以刮刀拌勻。

Tips
杏仁片改用刮刀輕拌，以避免杏仁片破碎。

05
舀一小湯匙的杏仁片麵糊，平鋪在墊有烘焙紙或烘焙墊的烤盤上。

Tips
麵糊裡的杏仁片盡量不要重疊，若厚度不均，可能會有瓦片烤不脆的狀況發生。

06
放入預熱好的烤箱中，中層，烘烤15分鐘，中途可拿出來轉向，讓烤色均勻。

Tips
進烤箱後，最好能在烤箱旁顧著，避免因餅乾較薄易烤焦！

07
出爐後放在晾架上放涼即完成。

Tips
01 剛出爐的餅乾會軟軟的是正常的，放涼就會變脆囉！
02 放涼後的餅乾，必須立即密封保存，以免受潮回軟。

杏仁瓦片 147

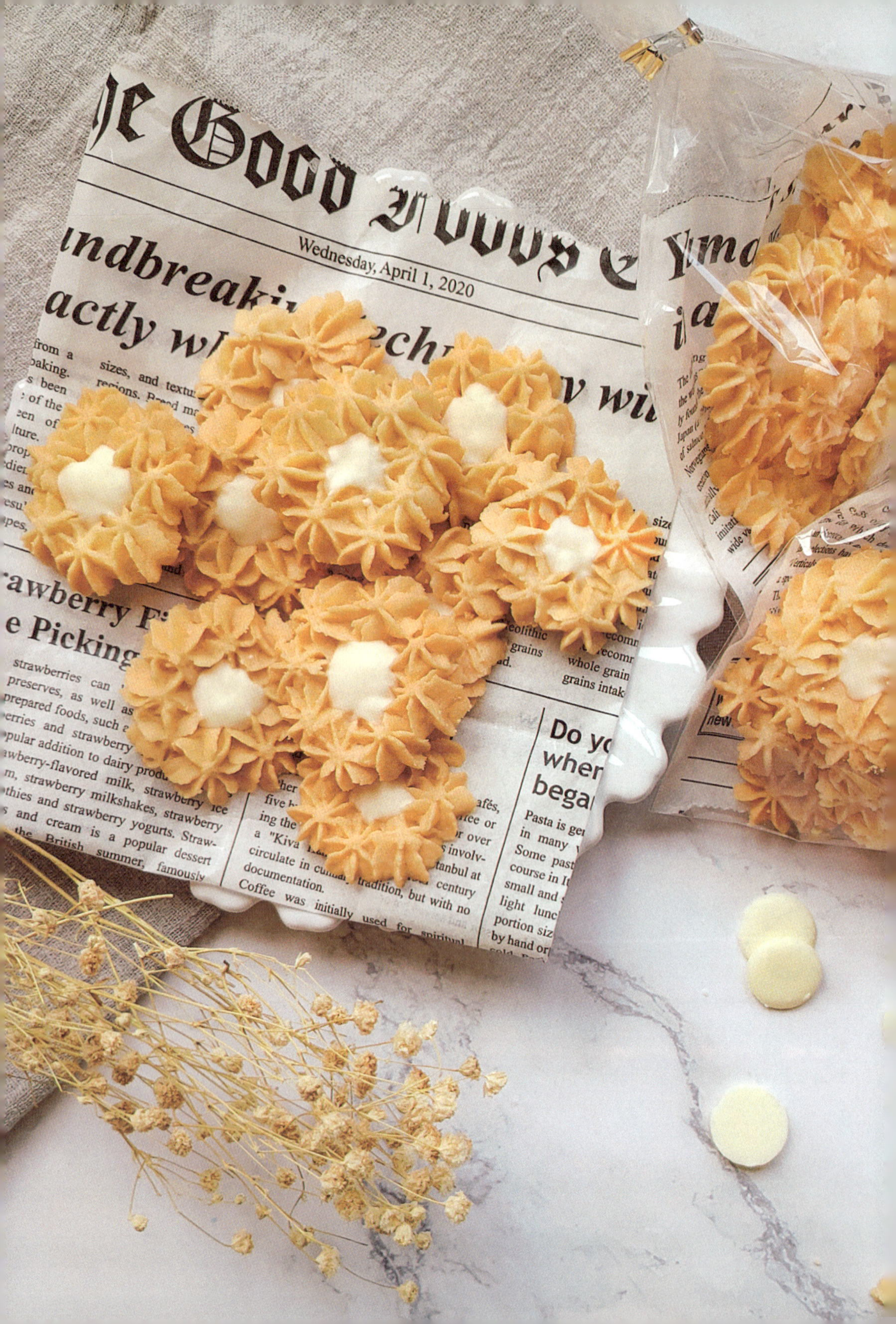

浪漫花圈小西餅

一顆又一顆的星星相連成美麗的花圈，中間再點綴上白巧克力，為原本的淡雅樸實增添了幾分浪漫的氣息。此款餅乾作法不會太難，隨意包裝貼上可愛的貼紙，配上小西餅精緻典雅的造型，就是送禮的最佳選擇之一喔！

烤箱預熱：160／160℃　　烘烤時間：20分鐘

工具

花嘴 型號 SN7094

事前準備

1. 蛋白稱重後，回復室溫（冰蛋白不利於後續與奶油混合）。
2. 無鹽奶油放室溫軟化，至刮刀可輕易壓下即可。
3. 擠花嘴放入擠花袋中。
4. 烤箱預熱160／160℃。

材料

餅乾體

無鹽奶油	80g
糖粉	30g
鹽	一小搓
蛋白	15g
低筋麵粉	110g

裝飾

白巧克力（or黑巧克力）	35g

作法 METHOD

01
軟化無鹽奶油，用打蛋器攪至順滑。

> **Tips**
> 無鹽奶油需軟化至一定程度（但也不能太軟，花紋會不明顯），不然可能擠破幾個擠花袋都擠不出來。

02
過篩糖粉及鹽加入，攪打至微微泛白。

> **Tips**
> 攪打奶油時，需不時用刮刀刮一下鋼盆邊邊，以確保糖粉、鹽都有確實混拌均勻。

03
加入蛋白攪拌均勻。

04
低筋麵粉過篩後加入,改用刮刀翻拌均勻。

05
烤盤鋪烘焙紙或烘焙墊,將麵糊裝入擠花袋中,先擠些許麵糊固定墊上的四個角,再均勻擠出每個約7-8個小星星的花圈。

Tips
擠小星星花圈時,建議分次裝填麵糊,因為手溫會使麵糊融化,擠出來的形狀會沒有那麼好看。

06

全數擠好後放入烤箱，中層，烘烤 **20-22分鐘**，至表面呈金黃色，即可取出在晾架上放涼。

裝飾

01

白巧克力隔水融化。

02

將餅乾放在鋪了烘焙墊或烘焙紙的烤盤上，用湯匙小心地將巧克力倒入花圈中心。

03
待巧克力全數乾透後，即可享用或包裝。

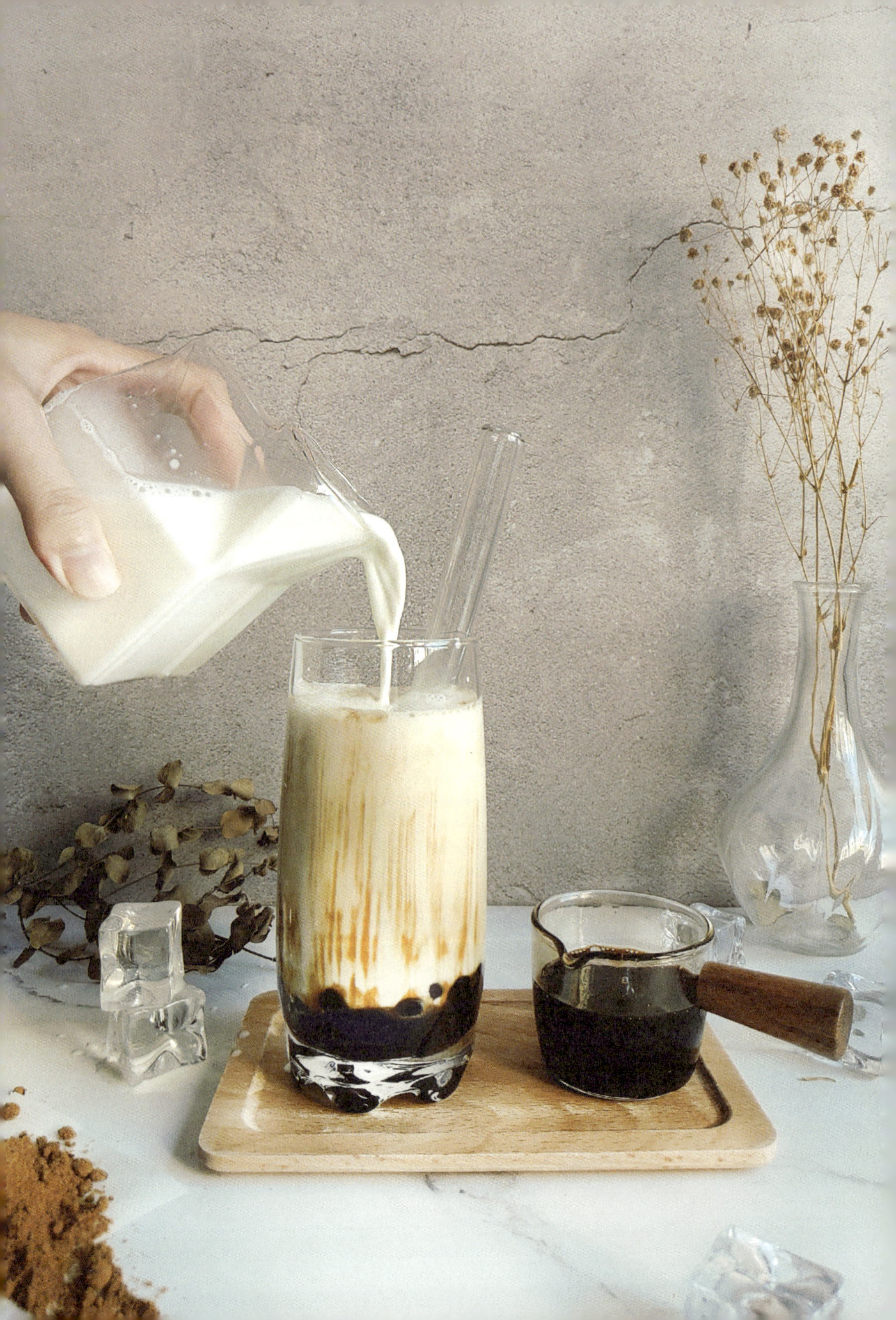

黑糖珍珠鮮奶

近幾年臺灣掀起「黑糖珍珠鮮奶」風潮，使得各家手搖飲店紛紛推出這款飲品。珍珠以黑糖蜜製後，再倒入鮮奶，讓掛留在杯壁的黑糖液浮現出美麗的老虎紋，創造出視覺與味覺的雙重享受！今天從珍珠開始，全手工製作，讓你在家就能根據自己的口味，客製化出屬於自己味道的黑糖珍珠鮮奶！

材料

粉圓

黑糖 ……………………………… 40g
樹薯粉（Topioca Starch）
……… 100g（請選用顆粒較細的）
飲用水 …………………………… 65g

黑糖珍珠（約3人份）

黑糖 ……………………………… 50g
飲用水 …………………………… 175g

鮮奶 ……………………………… 適量

做法 METHOD

粉圓

01
取一鍋，將水加入黑糖中煮至沸騰。建議大滾後，再等個10秒再離火。若水的溫度不夠，之後沖入粉中的麵團會呈現非牛頓流體，無法救回。

TIPS
這一步非常重要，是成功關鍵！一定要煮至沸騰大滾！

02
將滾沸黑糖水沖入樹薯粉中拌勻，完成的麵團會呈現黏土狀。

03
切一小塊麵團下來，剩餘的麵團蓋在鍋子裡。

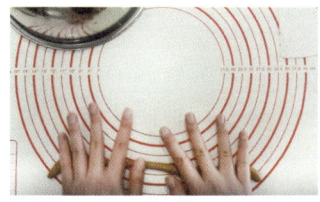

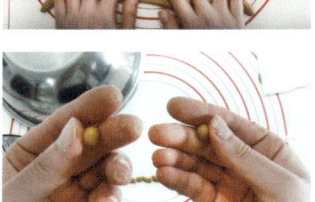

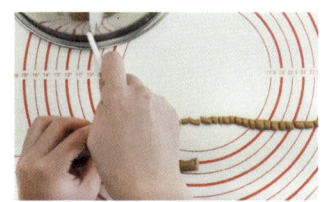

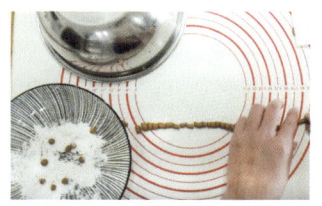

TIPS

01 因煮完還會膨脹,要略微搓小一些,每顆小圓球直徑約0.8mm。

02 暫時不用的麵團需覆蓋保鮮膜。如黏手,撒些許樹薯粉防沾;龜裂可沾點水重新搓揉即可恢復。

04

先搓成長條,再分割成小塊,以雙手搓圓放置在鋪有一層樹薯粉的容器上。

05

全部搓完的粉圓在盤中滾一滾,以濾網篩除多餘的粉,即可現煮或密封冷凍保存。(可保存約6個月)

煮珍珠

01 大火燒開750g熱水，放入75g珍珠。

TIPS
因後續還要蜜製黑糖，此處不須讓粉圓完全熟透，時間依據粉圓大小適度增減。

02 待珍珠浮起後，轉小火，蓋上鍋蓋續煮15分至粉圓中心剩微微白點。

03 放入冰水降溫。

黑糖珍珠

01 黑糖及水開大火，煮至沸騰。

02
將煮好的珍珠濾掉冰水後加入糖水中，轉中小火煮至黑糖液黏稠即完成。

組合

01
杯中倒入適量黑糖珍珠，用湯匙將黑糖液掛在杯壁上。

02
倒入鮮奶即完成。

TIPS
珍珠煮好後不宜放太久，這類澱粉的特性就是遇冷會老化變硬，建議要吃多少煮多少。但如果還是變硬了，可用電鍋或微波爐加熱，就可以回到Q軟的口感，只是還是沒有現煮的那麼好吃，建議還是一次煮適量就好哦。

黑糖珍珠鮮奶 159

活得好 071

零失敗 新手烘焙：步驟圖解Ｘ實作影片，隨時都能照著手作的幸福甜點

作　　者	蔡詠欣◎著
顧　　問	曾文旭
出版總監	陳逸祺、耿文國
主　　編	陳蕙芳
執行編輯	翁芯俐
美術編輯	李依靜
法律顧問	北辰著作權事務所

印　　製	世和印製企業有限公司
初　　版	2025 年 03 月
出　　版	凱信企業集團－凱信企業管理顧問有限公司
電　　話	（02）2773-6566
傳　　真	（02）2778-1033
地　　址	106 台北市大安區忠孝東路四段 218 之 4 號 12 樓
信　　箱	kaihsinbooks@gmail.com

定　　價	新台幣 380 元 / 港幣 127 元
產品內容	1 書

總 經 銷	采舍國際有限公司
地　　址	235 新北市中和區中山路二段 366 巷 10 號 3 樓
電　　話	（02）8245-8786
傳　　真	（02）8245-8718

本書如有缺頁、破損或倒裝，
請寄回凱信企管更換。
106 台北市大安區忠孝東路四段250號
11樓之1 編輯部收

【版權所有　翻印必究】

國家圖書館出版品預行編目資料

零失敗新手烘焙：步驟圖解x實作影片,隨時都能照著手作的幸福甜點 / 蔡詠欣著. －初版. －臺北市：凱信企業集團凱信企業管理顧問有限公司, 2025.03
　面；　公分
ISBN 978-626-7354-81-0(平裝)

1.CST: 點心食譜

427.16　　　　　　　　　　　114000648